青春期心理自助手册

谁说青春一定迷茫

郗俊生　乔学慧　虞承波　杨勇　王嘉
田昊　陈国强　刘玉民　刘芳　彭飞
杨光　马文婕　赵培　陈艳菲 ◎著

知识产权出版社

图书在版编目（CIP）数据

谁说青春一定迷茫/郁俊生等著. —北京：知识产权出版社，2017.5
ISBN 978-7-5130-4801-9

Ⅰ.①谁… Ⅱ.①郁… Ⅲ.①青春期—青少年心理学 Ⅳ.①B844.2

中国版本图书馆 CIP 数据核字（2017）第 050943 号

内容提要

本书旨在帮助处于青春期的青少年正确认识自我、处理好"成长的烦恼"，更好地面对学习的压力、认知的转变、成长的疑惑，也为家长、老师了解青少年成长特点与需求提供参考。

责任编辑：张筱茶
装帧设计：张 冀　　　　　　　　责任出版：孙婷婷

谁说青春一定迷茫

郁俊生　乔学慧　虞承波　等 著

出版发行：	知识产权出版社 有限责任公司	网　址：	http://www.ipph.cn
社　址：	北京市海淀区西外太平庄 55 号	邮　编：	100081
责编电话：	010-82000860 转 8180	责编邮箱：	baina319@163.com
发行电话：	010-82000860 转 8101/8102	发行传真：	010-82000893/82005070/82000270
印　刷：	北京科信印刷有限公司	经　销：	各大网上书店、新华书店及相关专业书店
开　本：	720mm×1000mm　1/16	印　张：	12
版　次：	2017 年 5 月第 1 版	印　次：	2017 年 5 月第 1 次印刷
字　数：	200 千字	定　价：	38.00 元
ISBN 978-7-5130-4801-9			

出版权专有　侵权必究
如有印装质量问题，本社负责调换。

前 言

青少年的心，是一面雪亮的镜子，心态健康与否折射出身体与情感生活是否健康。一个心中满是鲜花的孩子，追逐的肯定是灿烂明媚的阳光；反之，那些心中布满荆棘的孩子，势必是要被刺痛所纠缠。青少年的成长过程很重要，一个健康的成长过程将会影响他们今后的人生状态。生活不会是一帆风顺的，心灵的成长需要一个艰辛的过程。那么，青少年怎样才能让心灵健康地成长起来呢？

这是众多家长以及青少年自身十分关注的话题。我们都知道，即便是种子，在开始发芽的阶段，也必须经历一番黑暗中的挣扎，然后才能够破土而出，迎接生命中的第一缕亮光；破茧而出美丽的蝶，必须经历一个艰辛痛苦的破茧过程，否则，无法成蝶。青少年是大地的种子，是国家的蝶，成才之前必将经历一番困惑与折磨，然后才能在学习、生活、工作的道路上游刃有余、勇往直前！

有一个真实的故事。一个探险家来到南美的丛林中，探寻古印加帝国的文明遗迹，当时他特意雇用了当地人作自己的向导、挑夫，于是一行长长的队伍浩浩荡荡地出发了。途中，当地人表现出了很明显的体力优势，一路上需要休息的总是探险家，每当这时，所有的人都会停下来等候他一个人。探险家在体力上虽然跟不上大家，但是他一直抱着抵达目的地的愿望，了却他这一生的夙愿。队伍行进到第四天，当探险家要求再次出发时，却遭到了领队人员的拒绝。探险家疑惑不解，经过一番细致的交流才知道，原来在这个部落里面，人们有一个很神秘的习俗，那就是他们在前行的过程中，势必会竭尽全力去前进，但是会每走上三天就休息一天，以此来补充体力，给予心灵休憩的时间。当探险家询问缘由时，领队人说，这是为了让他们的灵魂能够赶得上走了三天路的疲倦身躯。

这个故事向我们阐释了一个简单的道理，要想让心跟得上日夜成长的身体，那就需要给心灵一个健康的环境，使其与身体共同健康地成长，一起成熟起来。

本书是适合青少年阅读的心理健康教育读本，以大量的案例、哲理小故事、寓言以及名人事例，阐释青少年成长过程中心理上常见的问题，浅显易懂，富有趣味性和哲理性，帮助青少年解决心灵上的困惑和现实生活中所面临的种种不解，有利于青少年心理健康的发展，是青少年朋友们贴心的阅读伴侣。

目 录 Contents

自我篇

青春期的孩子对于"自我"的认识、感知、体验是前所未有地清醒的,身体上的异常变化,让心灵也面临空前的冲击。假如说儿童阶段孩子们对自己的认知和评价是基本遵从大人的话,那青春期的孩子则是刚好相反的,而在这种情况下,作为青少年本身应该怎样去看待这些问题呢?自身的缺陷、优势,要以一种怎样的心态去面对和处理呢?

第一章 青少年:自我意识在苏醒 ·················· 3

第一节 相貌引发的烦恼 3

第二节 如何正确看待生理转型期 5

第三节 有一座叫作"自卑"的凉亭 7

第四节 管不住的孩子 9

第五节 我只是不想说话 10

第六节 圆圆,其实你不必完美 12

第二章 给自己一个正确的定位 ·················· 15

第一节 是谁为你创造了自我价值 15

第二节 你就是你,活出自己的精彩 17

第三节 期望的力量 19

第四节 没有巨人的肩膀 21

第五节　别为自己找借口　23

第六节　摒弃三心二意的自己　24

第七节　别为缺陷而烦恼　26

第三章　你是独一无二的 …………………………… 28

第一节　给你一面镜子　28

第二节　每棵树都有它挺立的理由　30

第三节　我不美，但是我很温柔　31

第四节　你是独一无二的　33

第五节　蜗牛重重的壳　34

第四章　修炼闪亮的自己 …………………………… 37

第一节　河蚌和珍珠　37

第二节　要有颗宽大的心　39

第三节　诚信的人生才有价值　40

第四节　别让嫉妒的魔鬼住进你的心里　42

第五节　本色人生　45

第六节　相信你是善良的　46

第七节　别让羞怯掩盖了你的光芒　48

第八节　不过分追求外表　50

第九节　不拿别人的错误来惩罚自己　52

目录 Contents

学习篇

青少年目前还处在学习的重要阶段,应该将学习视为一种十分愉悦的事情,而不是一种负担,为此,培养学习兴趣是十分有必要的。那么,青少年朋友应该怎样看清自己的优点、正视自己的缺陷、准确给自己定位呢?在理想的面前,勇敢的、善于行动的人才能取得最终的成功,要怎样在日常生活中激发起自己的学习兴趣呢?

第一章　学点兴趣心理学 ········· 57

第一节　寻找你的优点　57

第二节　勇于挑战你的缺陷　58

第三节　摆正你的位置　60

第四节　有理想也要有行动　62

第五节　学会激发自己的兴趣　64

第六节　好习惯成就一生　65

第二章　确立你的目标 ········· 68

第一节　目标是你前进的航标　68

第二节　从今天起行动起来　70

第三节　寻找事半功倍的方法　72

第四节　保持检查进度的习惯　74

心态篇

作为青少年，情绪总是如影随形，一方面乐观开朗，激情四溢；一方面悲观消极，一方面内敛含蓄，一方面又冲动易怒。同时，青少年的情绪波动也会受到个体差异、环境差异以及家庭背景的影响，只有找准适当的缓解方法，才能减少或避免情绪的影响。不要在喜悦时做出承诺，不要在愤怒时下决定，不要在忧伤时给出答案，不要在今天追悔过往。

第一章　管理好你的情绪 ················· 79

第一节　掩饰好情绪你就是一个成功者　79

第二节　放开多余的包袱　81

第三节　小事不生气　83

第四节　要有正确的发泄方式　85

第五节　情绪也讲原则　87

第六节　不在命运前低头　89

第七节　怎样缓解情绪的波动　91

第八节　困扰，其实来自你自己　94

第九节　情绪心理摆　96

第十节　好情绪养成法　98

目录 Contents

第二章 端正心态，拒绝逆反 ………………………………… 101

第一节　青少年逆反心理的表现　101

第二节　逆反心理也未必不好　103

第三节　青少年逆反心理的自我控制　105

第四节　家人是你的朋友　107

第三章 荆棘路上的积极心 ………………………………… 110

第一节　用积极心浇灌缺水的玫瑰　110

第二节　积极心帮助你发现另一个自己　112

第三节　用积极心态暗示自己　114

第四节　撕下否定的标签　116

第五节　养成积极的习惯　117

第六节　积极心的速成法　119

第七节　以积极心面对挫折的打击　120

第八节　积极的思维态度将决定你的人生高度　122

成长篇

小时候，我们急着长大，拼命向往未来，长大后竟发现还是童年最无瑕，读书时梦想工作后自己养活自己，而工作了以后才发现还是纯洁的校园最美丽，没有得到时羡慕，得到后又觉得也不过如此，身在避风的港湾觉得受束缚，出去后却到处寻找一块可以让自己歇息的港口……我们一路向前，生命在得到与失去中顿悟，唯有珍惜眼前的拥有，生命才会少点悔恨。

第一章 青春心境：渴望破茧成蝶 ………… 127

第一节 那片天空很蓝 127

第二节 天使告别年少 129

第三节 我们的花季雨季 131

第四节 上网是为了什么 133

第五节 走出去，你也很优秀 135

第六节 年年与天使 137

第二章 心灵鸡汤一饮而尽 ………… 140

第一节 你的状态属于哪个层次 140

第二节 知足者最常乐 142

第三节 痛苦过才知道快乐的珍贵 144

目录 Contents

第四节　用微笑掩盖悲伤　146
第五节　快乐是一种态度　148
第六节　学会享受别样的快乐　150
第七节　每一种不幸都是快乐的前提　152
第八节　别让担忧阻挡了你的快乐　154

第三章　青少年人际的关键 ………… 157

第一节　好人缘的秘密　157
第二节　青少年人际交往的因素　159
第三节　青少年人际首因效应　161
第四节　大方地给出你的赞美　162
第五节　好人际不是天上掉下来的　164

第四章　有一种爱叫"青苹果" ………… 167

第一节　还有一个叫作男孩的他　167
第二节　月色朦胧　169
第三节　如何走出暗恋、单恋的阴霾　171
第四节　难以下咽的苦涩　173
第五节　失恋后你还是一样可以快乐　175
第六节　老师，是钦慕还是依恋　177

自我篇

青春期的孩子对于"自我"的认识、感知、体验是前所未有地清醒的,身体上的异常变化,让心灵也面临空前的冲击。假如说儿童阶段孩子们对自己的认知和评价是基本遵从大人的话,那青春期的孩子则是刚好相反的,而在这种情况下,作为青少年本身应该怎样去看待这些问题呢?自身的缺陷、优势,要以一种怎样的心态去面对和处理呢?

第一章　青少年：自我意识在苏醒

青春期的孩子对于"自我"的认识、感知、体验是前所未有地清醒的，身体上的异常变化，让心灵也面临空前的冲击。假如说儿童阶段孩子们对自己的认知和评价是基本遵从大人的话，那青春期的孩子则是刚好相反的，而在这种情况下，作为青少年本身应该怎样去看待这些问题呢？自身的缺陷、优势，要以一种怎样的心态去面对和处理呢？

第一节　相貌引发的烦恼

● 梁月的日记

6月30日　天气晴

16岁，我没有好多女孩都有的时尚美丽的衣服，也没有最近大家都在谈论的长款风衣，受妈妈的影响，我从来都不会很在意这些物质上的浮华。但是偶然的一次照镜子，我在镜子里发现了另一个自己：从头到脚都是土灰土灰的，像个可怜的灰姑娘，尤其是那张轮廓日益清晰的大饼脸：四方脸型，眼睛也不够大，鼻子不坚挺，睫毛很短，眉毛也粗粗的。我突然觉得自己根本就不像个女孩，长相这般男性化。更加可恶的是就连皮肤也是淡淡的灰色的，和"白皙莹润"一点儿都不沾边。我的脑海里浮现出妈妈的脸，尖尖的下巴，细细的眉毛，不算很长，但是很有味道，最喜欢的就是妈妈的眼睛，双眼皮，而且很明亮，大大的。我不明白为什么上天不让我长得像妈妈，而是像她口中的那个"爸爸"。

"妈,我到底是不是您的女儿呀,为什么我们俩一点都不像!"这些天我一直问妈妈这个问题,但是她每次都笑得很灿烂,我知道,她又会说:"像你爸爸也不错啊,妈妈看见你就会想起你爸,很幸福。"我一直都没见过这个所谓的"爸爸",心里却很是怨恨,我一连好几天都没和妈妈说话了,我知道她也很难受,自己一个人躲在卧室里偷看相册,但是我更难过,上天太不公平了!

9月13日　天气阴

新学期开始了,走在长长的走廊里,我突然觉得无比孤单,想找个地方自己躲起来,整个暑假和妈妈的关系都不好。见到同学,我总觉得他们会把目光放在我的脸上,恨不得钻进地洞里去。想起自己的样子,就不想见到任何人。

10月17日　天气小雨

这学期第一次月考,我居然挤进了前三名,这是我不曾想过的。前段时间我写的一篇文章也在校刊上发表了。最近走在外面,总是感觉有很多双眼睛在看着我,而现在的我已经不会觉得不自在或想躲起来了。其实最让我开心的是,每次都会觉得我的身后有一双特殊的眼睛一直在关注着我,我知道,却从来不敢回头,对自己的样子还是有顾忌的。可心里真的很甜很甜。

11月3日　天气晴

今天我终于有勇气了,在老师的鼓励下,我上台朗诵了一首诗,这是我自己写的。台下那么多双眼睛在关注着我,还有那么响亮的掌声,第一次觉得自己原来也可以这么美丽。

在放学回家的路上我又意外地遇到了那双眼睛。这一次他居然走向我并和我说话,他说:"梁月,你今天的表现真的很不错。希望从今天开始,你的笑会一直挂在脸上,而不再像以前一样忧伤沉默。"我半天没有吭声,不是不想说,而是激动得不敢说,那张英俊帅气的脸居然对着我笑,还那样亲切友好,我怕打破了这样的梦境,但后来,他把手放在了我的肩膀上,这时我才真的意识到自己不是在做梦,那句很有力量的话,让我思量很久:"你其实很好看的,尤其是自信的时候。"我笑了,也许我真的可以用自己丰盈的内心和自信的笑脸去创造一片真正属于自己的天空。

青春心语坊

也许正是处在这样一个比较敏感的年龄段，才会让梁月的心也变得这般敏感。我们每个人都有自己的特征，有自己独特的容貌。德国哲学家莱布尼茨说过："世界上没有完全相同的两片叶子"，我想说，人也是一样，世界上没有完全相同的两个人。否则，当你有一天走入茫茫人群，那个想要寻找你的人，怎么会一眼就认出了你？正因为这些独有的特征，你才是你，独一无二的你。

一个人的外貌虽然在一定程度上会给人造成一种认知上的偏见，但年轻的你是否知道，再美丽的花也会有凋谢的季节，再鲜艳的色泽也会有灰淡的时候。即便是美女或帅哥，若想得到真正可以属于自己的东西，依然是需要凭借努力和奋斗。美丽的不是外表，而是内心的坚毅和充实。花会谢，容颜会老。不管你现在是年轻还是已过中年，如果希望得到他人的赞美与喜爱，那就从心做起吧，才华与气质才是不老的资本。别林斯基说过："美都是从灵魂深处出发的"。假如你有幸外表出众，又内心美丽，那最好不过，但上帝通常是公平的，给了你才华便不会再给你美丽的容貌，因为他想让你凭借这珍贵的才华去创造美丽，这样的美才是永恒的。

第二节 如何正确看待生理转型期

● 浩浩的自白

一天我和妈妈坐在一起看电影，忽然一个男女拥抱的镜头跳了出来，以前也见过，但是这一次，我开始紧张，我的心跳得厉害，由于当时妈妈就在我的身边，我很担心被妈妈发现。之后我就感到一种前所未有的罪恶感，我很想知道，为什么我总是感觉到这些以前从来都没有过的奇怪感觉，甚至有时候还会产生幻想，见到女生，我会不知不觉脸红，但又很喜欢这样的感觉。我到底是怎么了？

● 丽婷的自白

我是个蛮开朗的女生，但自从上了初中，我就渐渐沉默起来。我发现自己变"胖"了，好像肿起来了，我再也不是以前那个瘦瘦的疯疯癫癫的丫头了，上课还老走神，学习成绩已经明显不如以前。我也很苦恼，可是怎么办好？邻桌的王宇飞，为什么他总是偏过头来看我？我知道，所以我才会心跳得如此厉害，还要拼命遮掩。老师叫我站起来回答问题，我总觉得我站起来的瞬间，大家都在看着我"肿起来"的身体，很不自在，问题也回答错了。

青春心语坊

为什么步入青春期的少男少女们，都会开始注意起自己的容貌、身高，甚至是一些生理上的微妙变化呢？有的孩子甚至还会产生严重的心理压力。

其实这都是成长过程中必经的阶段，是生命的本能，生理器官上的变化在这一时期也是最明显的。孩子的世界是无忧无虑的，充满阳光与力量，当青春期降临，又会多了几道陷阱，稍不留心就有可能跌落下去。青春期的孩子对自身的生理变化往往存在困惑，实际上青春期就是一个成长阶段，一般从10岁到20岁之间，这是一个生理个体发育尤其是性发育很关键的一个时期，它决定着一个人一生的体格、健康、体质以及智力的高低程度。

青春期，身高和体重都会慢慢增长，其他身体器官，例如心脏、肝脏、肺等功能都会日渐成熟，内分泌系统也会发育成熟，肾上腺也开始分泌激素，刺激毛发的生长，等等，人体的各项指标都将会接近甚至是达到成年人的标准。由于青春期少男少女在身体上的巨变，继而给他们在心理上带来极大的震动，在激动、喜悦之余又会产生很大的落寞感和不安焦虑感，甚至是惊慌失措。因此，正确调适青春期心理，正确看待青春转型期也就成了当务之急。

第三节 有一座叫作"自卑"的凉亭

• 她的名字叫顾阿花

"为什么爸爸妈妈会给我起这个名字?"

我常常听到她这样和我抱怨。

每次老师点名的时候,总是有很多同学在下面偷笑。每当这时,我就会看见顾阿花低低地压着头,我知道她又在难过了。放学后,她总是会一个人躲到校园角落的一个小凉亭里,手里捧着一本蓝色封面的书,很安静地读。身边偶尔有人经过时会故意侧侧身子,她怕生人。

和顾阿花同桌一年,却并未和她说过很多话,第一是她很沉默,我也试着和她闲聊,但是她好像很难为情,我以为她不愿和我交流;第二就是她从不在教室里待很久,最多的也就是她常常和我说的那句"为什么爸爸妈妈会给我起这个名字?"我明白这个名字让她觉得很自卑,在大家面前抬不起头来,尤其是在嘲笑声里。下课了她就直接跑出去。我总觉得在这个不大不小的班级里,她一直都没有抬起头认真地看过任何一个人。

记得有一天,顾阿花的作文被老师当作范文,并要求她站起来朗诵给大家听。她只好硬着头皮站起来,紧张而结巴,再加上一口很浓重的乡音,一篇本来很优美的散文就这样被她读得"支离破碎",教室里开始出现低声的絮语和很小的嘲笑声。我注意到她的手在抖,一颗颗眼泪滴滴答答地落在了我们的课桌上。放学后,她依然去了那个很偏僻的小凉亭,她哭了,哭得很厉害。我想去安慰,但是那个时候并不合时宜。

周围人的热闹快乐和她的沉默忧伤形成了鲜明的对比,我感到难过。

一年之后,新学期开学时,我的座位边上空了很久,后来才知道顾阿花走了。兴许是转学吧,我们都不得而知。可是令我惊喜的是,六年之后的一天我居然在某杂志上看见了一篇署名为"顾阿花"的文章——感谢那座接纳并溶解了我的自卑的凉亭。心里一动,没错,是她,我再看她的个人简介,其中一行字吸引了我：顾阿花，杂志社签约作家。我为这个曾经和自卑斗争了很久而最终取胜的胜利者而高兴，一颗晶莹的泪珠滚落下来。

就是她，她的名字叫顾阿花。

青春心语坊

自卑是感觉自己在某个方面不如人而产生的危机感或挫折感，顾阿花的自卑源于自己的名字和那读不成句子的乡音。一个人如果被自卑感深深地控制住了，精神也会被钳制。

就像每个人都有一张与众不同的脸一样，名字也是一个人的标志。青春期的心是不一样的，也许以前并不会在意这些，但是步入这个阶段就会感到不可接受，谁也不愿意被他人嘲笑和当作笑柄。可是孩子，你们要知道，如果因为一个名字就赶走了本该有的快乐，那会是多么得不偿失的一件事啊！很多年后，当你回忆起这段时光，会觉得这是多么地愚蠢呀！故事里的顾阿花，因为名字而自卑，因为自卑而缺少与大家的交流，她是如此孤僻、孤独地一个人学习、生活着。但是她的才华却并没有被淹没在这个"平庸"的名字之下，固然自卑，可是只要有能力，有一技之长，有足够强大的内心，就不会一直沉没在异样的眼光里。

亚里士多德最早认识到自己和他人的不能，因此被誉为"最聪明的人"；那些在学术和专业领域取得成就的人，往往都是能够正确认识到自己的足与不足之处的人。因此，自卑者不是弱者，弱者也没有资本自卑，反之，自卑却是强者对世俗的浅薄的远离，是对平凡的冷眼静观。当然这里并不是在提倡你自卑，只是说，在自卑过后，你要振作起来，意识到不足，才会有所进步。就像顾阿花，她在自己的名字前自卑，在发音不准的朗诵前自卑，在被人讥笑的声音里自卑，但正是自卑给了她坚毅。虽然在其他方面她或许比不上别的同学，但是她会利用自己的内心与才华以及坚强的意志去战胜自卑。缺陷其实并不可怕，尤其是那些不易改变的缺陷，比如你的名字，但是那些可以改变的缺陷却可以成为你前进的阶梯。

第四节　管不住的孩子

•管不住的孩子

清辉总是听到妈妈说："清辉呀，你就不能听话点吗？"每当这时，清辉会觉得很烦，甚至会变本加厉地逆反。在清辉的眼里，父母是在和他作对，明明自己不喜欢理科，爸爸却偏偏让他进理科班；明明不爱吃胡萝卜，妈妈偏要在菜里面加点进去，还说："孩子，别挑食了，胡萝卜对身体好"。这些话他都听腻了，什么"理科有发展前途"，什么"全面发展"，什么"正在长身体"，什么"正需要营养"，他才不信这些呢，他只知道自己最喜欢什么科目，最喜欢吃什么。

最近爸爸又在张罗着给他买个外语复读机，里面全是李阳的"疯狂英语"，清辉好不反感，越是他不喜欢的，爸爸就越是逼着他学，还美其名曰"全面发展"。最后清辉是进了理科班，却依然厌恶胡萝卜，清辉也拿着那部复读机，但是里面播放的是周杰伦那听不清歌词的哼唱。

又是一个周末，爸爸走进清辉的房间，一场枯燥没劲的"谈心"再次袭来，清辉还没等爸爸开口就说："爸，别再和我啰唆了行吗？有这时间去和我妈多聊几句。"一句话说得父亲火冒三丈，但终究是忍住了。回去后，父亲沉默了很久，最近一段时间，儿子总是在躲着他，而且听老师说，清辉的英语成绩很不理想，每次月考都不及格。而这时的清辉怡然自得地塞着耳机，爸妈不知道，英语磁带一直静静地躺在抽屉里，而清辉也不知道，那边的父母彻夜未眠。

高考的日子渐渐近了，以清辉的成绩是根本不可能考上一个好大学的，但是妈妈依然在骄阳似火的午后护送儿子去考场。后来，清辉自然是落榜了，父母怒其不争，但思量许久，还是劝清辉继续考大学。但清辉直着嗓子喊："我才不去蹲那复读的牢笼呢！要去你们自己去！"结果是，清辉背着行李出去打工，而不到一年他就回来了，进门的第一句话就是："妈，我想吃你炒的胡萝卜。"

青春心语坊

也许每一个青春期的孩子都会有类似的家庭氛围，父母会觉得是孩子越来越不好管教了，孩子会觉得是他们管得太多了。在学习的问题上，家长往往怒其不争，孩子却不急不迫，越是父母说的，就越是不做。青春期的孩子总是在心理上出现这种逆反现象，从家长的角度来看，也有管理不当的原因，但是如果从孩子的角度来说，他们在这一时期往往是自我意识很明显，逆反心理也很强烈。加里宁说过，"不论是哪个时代，青年的意识特点都是怀抱着各种理想和幻想，这并不是什么毛病，而是一种宝贵品质。"从这个意义上来说，青少年应该有自己的想法，有想法才有创造。但是从另一个角度来说，面对父母的期望，反其道而行则是十分不可取的。

孩子们，望子成龙、望女成凤是每个家长的心愿，虽然并不一定非要完全按照他们的指挥去做，但是也别伤害他们的心，当你用言语伤害到他们的时候，要想想应不应该，任何一个长大了懂事的孩子都会为自己之前的行为自责。因此，正在看这本书的孩子们，请你们千万要尊重自己的父母，即使他们的管理方法你不能接受，也不要反其道而行，你不知道，当你正得意于自己的小小胜利时，他们或许彻夜不眠。因此，当你发觉自己有这种逆反的心理倾向时，要努力让自己平静下来，提高自我认知和文化知识素养。可以和朋友们交流或远足一次，当心胸开阔了，你就会发现原本狭隘的心理也就渐渐消失不见了。经常反省自身，学会宽以待人，不要总是以自我为中心，假如你的思想一直停留在"和父母对着干"的层面上，就无法正确看待问题。将以往父母的爱一概抹杀，对他们来说，是非常残酷的事情。

第五节　我只是不想说话

• 我只是不想说话

大家都叫我涵涵，今年升初三。我和妈妈很久都没有坐下来好好聊了，我也不知道怎么会变成现在这样，原本乐观开朗的我现在很不愿意说话，尤其是和父母。但是就在前天，我偷听到妈妈和爸爸的对话，才知道，原来我的改变给他们造成的影响这么大。

那天下着小雨，我坐在自己的书桌前，听着广播和窗外淅淅沥沥的雨声，妈妈叫我吃饭，可我的心里突然生出一丝反感，以往郁结在心中的怨气像膨胀到了极致的气球，一碰触就要爆裂了。妈妈一连三声，我都故意装作没听见，也没作出回应。没想到，一向温柔的妈妈先爆发了，言辞很犀利，满含责备和委屈。我也毫不示弱，将久久郁积在心里的不满像火山爆发一样发泄了出来，最后我们都哭了。

那次以后，我又回到了原来的样子，自己一个人待着，似乎一点都不需要他们；有朋友来找我玩，我也开心不起来，讨厌那些世俗的虚伪交际；我不再在乎他人的世界是什么样子，尤其是他们，因为觉得很累，我现在只关注我自己，我的世界也不被他们理解，和他们沟通也很困难。

一天，放学回到家，我还是一如既往地把自己锁在小房间里。到吃饭的时间，爸爸叫我，我也出去了，后来索性将饭碗端进房间，享受一个人的清静。爸妈这次却很安静，什么也没说。那天晚上，我起床上厕所，发现爸妈房间的灯还亮着，还有很小很小的说话声，那时已经过了凌晨，他们是很少这样晚睡的。我有点奇怪，仔细听了听，他们的对话是关于我的。大致的意思是说我患上了自闭症，然后就是妈妈的小声啜泣，"都是我不好，一直都在工作工作，以为把你们爷俩的饮食起居照应好就可以了，没想到涵涵会变成现在的样子……""好了好了，别哭了，不知道那孩子睡了没有。找个时间咱们带她去趟医院吧，她现在都不和我们说话，交流太困难了。"我的心瞬间震颤了，我不知道，我以为他们不关心不理解我，只关注自己的世界，原来……

真想敞开心扉和爸爸妈妈好好聊聊，告诉他们，我只是不想说话，因为常常觉得我说的你们都不懂不理解。其实我也很委屈，可是我要怎么突破这道心理防线呢？

青春心语坊

进入青春期的孩子，总是觉得和父母沟通很难，不是觉得他们不关心自己，就是觉得他们不够了解自己，代沟很深，渴望得到理解和适当的关爱是很正常的。正因为这些代沟并不是从他们一出生便有的，而是随着年龄的增长，孩子自我意识的渐渐苏醒，两代之间的代沟才逐渐显现出来。心理学家认为，青少年时期的孩子最容易对父母产生抗拒、轻视，甚至抵触，而在这之前是典型的崇拜期，之后就渐渐转变为理解、深爱，并极力想要回报这深沉的爱。这样一看，孩子，你们在这一时期的做法很可能就会加深自己今后的愧疚感，你会觉得曾经的自己很不懂事，也不懂爱，便往往要付出更多来弥补自己曾经的不懂事。

所以，当你觉得父母不懂你不理解你的时候，你应该多想想他们的好，哪怕他们再啰唆，表现得再不理解你，在言语上有再多的磕磕绊绊，他们的出发点始终都是为你好。从两代人的生活环境来说，父母不理解现在的你还是很正常的事，因为你们所接触的东西和所持的观念不同，想法也就会有出入，如果希望父母理解自己，那就多交流，把自己在学业、生活、人际交往等方面所遇到的困惑和难处告诉他们，不对的地方你可以不听，对的就参考采纳。自己是自己的主人，不管他们说什么，最终还是要由你自己来完成实施，不是吗？你理解了他们，他们才会理解你。这么想，那道心理防线很容易就跨过去了。

第六节　圆圆，其实你不必完美

• 圆圆的完美主义

她叫圆圆，正如她的名字一样，她希望她的人生也是圆圆的，像几何课上王老师画的圆一样圆。从小学到初中，她几乎未曾将第一名让位于他人，2010年，16岁的圆圆更是以傲人的中考分数考入了市第一高中。但是（人生总是有那么多的但是），上了高中以后，圆圆渐渐发觉，原来自己一点都不圆。首先是相貌，眼睛不大，脸颊不白，鼻子是典型的大蒜鼻，个子也不高，总之，相貌平平。这些她在初中的时候就知道，但她以为自己还没长大，都说"女大十八变",所以圆圆还在等18岁的到来,等着自己变漂亮的一天。而且现在开始烦恼学习成绩了,进了高中以后,因为圆圆原本的数学底子不是很好,因此每次考试的分数总是在及格线上徘徊,圆圆认为,第一名的宝座就是因数学拖后腿而不得不让位于别人的。这给一向追求完美的圆圆打击不小,她不明白为什么自己会变成这样,心里充满了愧疚和自责,觉得再无颜面对对自己报以殷切期望的爸妈。

又是一个新的学期,圆圆在假期里已经将新课预习了一遍,尤其是数学,她不甘心从此就与第一名无缘。然而越是努力想要的,就越是显得困难重重,圆圆的数学成绩还是不见长,于是圆圆便把学习语文和英语的时间分了出来,全部都用在了数学上。这次,数学成绩总算是提高了。然而,语文和英语的成绩下降了,正负相消,圆圆的总分只比以往提高了10分,依旧与第一名的宝座无缘。从此,圆圆消沉起来,自尊心也受到了严重的打击。还好身边还有一群要好的朋友,陪她聊天,逗她发笑,不像以前,身边连个说话的知心人都没有。

偶然有一天,语文老师把圆圆叫到了她的办公室,递给圆圆一本很厚的书,并指着已经翻好的那一页,叫圆圆看看这个小故事。故事说,从前有一个圆圆的纸片,被人减去了一个角,于是它很着急地想找到这一角,可是它发现,被减去一角的自己根本就不能再像以前一样快速滚动了,它急得流下了眼泪并抱怨世界的不公平。一只路过的小鸟看见了,嘲笑纸片不懂得享受年华,它说,你瞧,这沿途的风景多美呀!以前的你见过吗?纸片抬起头,环视四周,它看见了绿色的树,红色的花,青草幽幽,流水漫漫,阳光照耀着他们,微风吹拂着他们,纸片觉得这是它从未见过的最美丽的风景了。原来正是因为完美才使它错过了这些美好,而如今自己不再完美,却发现了生命中最美的风景。

圆圆看完故事,若有所思,久久地望着老师,这时候老师说:"圆圆,你其实不必那么完美,数学不够好,只要尽力了,保持在一个稳定的水平上就好,但是千万别耽误了其他功课啊!"

青春心语坊

　　你或者身边的人也有过类似于圆圆的经历，不管是在学习上还是在其他方面，过分完美的人往往无法完整，因为总会在另一些地方有所缺陷。罗曼·罗兰说："我称为英雄的，并非是以思想或强力称雄的人，而只是靠心灵而伟大的人。"没有谁是完美无缺的，每个人就像是那片被减去一角的纸片，不再完美的它不能再快速前行，不能再很快地抵达自己的目的地，却因为减慢了速度，才看清了沿途美丽的风景。我们人不也是一样吗？因为追求完美，而一心向前，从而忽视了身边的人和事。敢问那些近乎完美的人真的幸福吗？因追求完美而失去了完整，得不偿失。

　　青少年在学习这方面尤其需要注意的是，在不偏科的基础上，正确认识自己的能力，真的不擅长的，只要不会太差就可以，这么多的科目中，总有一科是你擅长或喜欢的，充分发挥这方面的才智，把不擅长的科目丢失的分数补回来，你同样是优秀的。

　　因此，允许自己的缺陷，允许自己的不完美，这样你才是一个真实的人，才能体会到生活中的美好，享受这个年龄里应有的阳光。

第二章　给自己一个正确的定位

青少年在自我认识上的准确性，在一定程度上将会影响其今后的发展趋势。怎样给自己定位并清晰准确地认识自己，这是本部分着重讲述的内容。虽然在芸芸众生之中，我们每个人都是平凡的一分子，但每个人都有机会成为非凡之人，这就看你如何从这平凡的众生中脱颖而出了。青少年要怎样走出"平凡"，成为不同的人呢？"真实地正确地认识你自己吧！"这是众多哲人异口同声的答案。下面就带着"如何正确认识并定位自己"的疑问，阅读下面的文章吧。

第一节　是谁为你创造了自我价值

●每一个青少年都是一棵等待长大的小树

妈妈发现之旭这段时间总是沉默寡言，这和平时活泼好动的他比起来，很是反常。细心的妈妈虽然发现了，但是当她询问之旭时，之旭却躲躲闪闪，什么都不愿说，放学后就把自己锁在房间里。很长一段时间之后，妈妈觉得这样不行，长时间这样下去，孩子会越来越孤僻的。一次，偶然和之旭谈到考试的问题时，之旭脸上露出了很明显的反抗情绪。最后在妈妈的耐心询问下，之旭终于将自己在班上总是拿不到数学满分的事告诉了妈妈。妈妈笑了，还给之旭讲了一个故事。

从前在一个很美的树林里住着许多可爱的小树，看上去他们那么快乐，

谁说青春一定迷茫

无忧无虑地生长着。可是还有一棵可怜的小橡树，不知道自己是谁，不知道自己为什么和别人不一样，为什么桃树、梨树都能在春天开花，在秋天结出丰硕的果实，为什么玫瑰和月季会开出美丽的娇艳的花朵，而我却什么都不能？听听，梨树说："你要么就是没有用心，要不然怎么结不出梨子呢？"桃树也在一边说："对呀，要我看，你简直就是在浪费生命！"单纯的小橡树流下了眼泪，这时月季说话了："别听他们胡说，瞧瞧我和玫瑰，还有栀子，我们的花朵美丽，像我们一样开花也是一样有生命价值的呀！"小橡树心里知道，自己既不能结出味道鲜美的果实，也不能开出娇艳可人的花朵，自己什么都不会，想着想着，就越发伤心难过了。

偶然的一天，一只雕从这里经过，停靠在小橡树的枝丫上，但是小橡树的闷闷不乐让他很不爽，还以为是不欢迎自己的到来呢。后来委屈的小橡树说出了自己的烦恼。雕哈哈笑了，"你就是你，橡树啊，坚韧挺拔，高大伟岸，供鸟儿们停留，给人们提供绿荫休憩，你也有你的价值。你不是梨树和桃树，当然不能结出果实，你也不是玫瑰、月季，自然也不能开出什么花朵，何必自寻苦恼呢？你的价值就是你自己本身。"小橡树茅塞顿开，原来自己才是自己生命的价值所在。那以后，小橡树每天都开开心心的，很快就长成了一棵又高又挺拔的大树。

说完这个故事，之旭也笑了，他觉得妈妈很了解他，他的数学虽然不能像班长那样拿到满分，但是他的语文和英语很棒，足球踢得也不错。这或许就是真正属于自己的价值。

青春心语坊

是谁为你创造了生命的价值？不是任何人，而是你自己。其实每一个青少年都是一株等待长大的小树，在不断地寻找并完善自己。虽然也会弄不清楚自己究竟是谁，究竟可以做些什么有价值的事，虽然也会迷茫，但是当他们了解了自己的长处，自己本身所具有的优点，就不会总是拿自己的缺点去和别人的优点相比较，也就不至于产生自卑感和不知道自己是谁的迷茫感。

虽然说，要不断努力，全面发展，但是任何事情都要量力而行，如果真的是尽了最大的努力，你还是做不好，那便不是你的错。每个人都不可能做到样样精通，事事完美，这个世界上总有一些你无法企及的高峰，但只要你可以很准确地发现自己的长处，充分发挥自己的优势，那就是成功的，有价值的。

孩子在成长的过程中，家长要积极加以疏导。为什么这个世界上有那么多不成功的人？就是因为他们不了解自己，根本就不知道自己究竟要做什么，所以才一直碌碌无为，一事无成。所以说，如果你想要在不久的将来有所作为，那就必须看清自己，了解自己的可为和不可为。

第二节　你就是你，活出自己的精彩

● 小画家做画

灵灵从小就喜欢画画，后来妈妈把她送到美术班学习，灵灵也没有辜负妈妈的期望，不仅勤奋好学，而且她画的画一直被老师啧啧称赞。10岁时去参加市区美术大赛，灵灵还捧回了优秀奖。虽然这样的结果不是灵灵最想要的，但是对于那时只有10岁的小女孩来说，已经是很难得了。现在灵灵15岁了。有一天，她画了一幅意境优美的风景画，她想这应该是很符合自己的想法的，但不知爸爸妈妈、老师和好朋友们怎么看，如果征求他们的意见，或许他们会认为这是我画过的最完美的画了。于是灵灵首先来到了妈妈的房间，她将自己画的画递给妈妈看，妈妈看了看说："你是不是应该把这条小路画得更加曲折一点，这样不是会更加显示出境界吗？灵灵听了，觉得很有道理，于是回房间将小路延伸了一段。后来，爸爸回家了，灵灵将画拿给爸爸看，爸爸看完说："我看这片田园里是不是应该添点作物呢，这样不是显得更有生机么？向日葵就很好。"灵灵十分高兴地说："对啊，我怎么没想到。"于是拿起笔，画上了黄黄的向日葵。

第二天早上，灵灵将自己的画带上准备去请教美术老师。路上遇见了自己的好朋友，灵灵便把画拿出来给好朋友看，好朋友看后说："这蓝蓝的天空怎么不见白云呢？"灵灵心想："白云……嗯，画上白云也有一番韵味。"于

谁说青春一定迷茫

是，回到教室后灵灵小心翼翼地填上了几片白云。中午放学时，灵灵带着自己的画，来到美术老师的办公室，希望得到老师的指点。老师一眼就看出了灵灵的画是经过多次修改的，灵灵如实告诉老师并希望老师也给点意见。没想到老师竟然说："这幅画已经没有修改的价值了。"后来，美术老师意味深长地对灵灵说，其实原本弯弯曲曲的小路由近及远延伸，何必再填上一道弯？原本清幽的木桩园，为何要加上向日葵呢？要知道根据你的画所要表现的主旨，这便是多余的。还有就是那原本如镜般清澈的天空可以说是万里无云，正适合这云淡风轻的秋天，你为何要画蛇添足，画上几朵白云呢？

这下，灵灵的心里一紧，她终于明白了，还是原本的画最好。是自己太在意别人的看法了，所以才改来改去，成了现在的这个样子。

青春心语坊

朋友、父母的意见不是不能听，而是要适当地听，有选择性地采纳，而不是一味地只是按照他们的意愿去盲目改变。就像灵灵的那幅画，不同的人有不同的看法和意见，如果没有选择地一律采用，就失去了画的本来意义。

人生就像是做画，最初的那幅画就是你自己，因为他人的指指点点，你不得不更改，改了又改，最终你综合了大家的意见，却已经将画改得面目全非，失去了起初的意义。

就如同我们在日常生活中，如果今天有人说你穿的衣服不好看，那你回去之后就决定：我再也不穿了。结果第二天，你又穿了一件衣服，同桌说，好像这件衣服我见谁也穿过，于是为了避免撞衫，你回去后决定：我不会穿了。而第三天，当你穿着一件自以为很合适的衣服出现时，朋友建议说，你还是穿长款的衣服比较好看。这样，你再次决定：这件衣服还是不穿了吧。然而久而久之，你还有衣服可穿吗？同样的道理，当你综合了周围人的意见，将自己身上所有的锋芒都削去，剩下的是一个处处得人喜爱的可人儿，大家似乎都很喜欢你。但是，总有一天你会发现，那些被你为了迎合他人而舍弃的，才是真正的自己，你丢弃的不是别的，而是你自己。那时候你将会觉得你累了，你已经不再认识自己，你成功地成为别人希望你成为的样子，却失去了本真自我，原来的自己已经不知道被丢在了哪里。这样是可喜，还是可悲？

第三节　期望的力量

● 谁能决定你的样子

时野皓很快就要上考场了，他要实现自己的名牌大学梦。而在三年零九个月之前对他来说简直就是一个遥远的梦。是什么改变了这个少年？

老教授徘徊在湖边，湖水清澈见底，河边的柳树也翠绿得十分可人。就在这棵树下，教授看见了一个穿着格子衬衫的男孩，这个时候应该是学生上自习课的时候啊，怎么会待在这里呢？老教授走上前去，准备和这个小男生说上几句，顺便劝他回去学习。

"孩子，你怎么不在教室里看书学习，躲在这里做什么？"老教授直接询问。男孩抬起一双如水般的大眼睛，望着教授，仿佛做错事的孩子被发现了，眼里有惊慌，也有失落和空洞。老教授还没有看过一个正值花季雨季的孩子的眼里透出这样的眼神。于是当孩子转身想走时，他叫住了孩子，"告诉我你的名字"。男孩睁大眼睛，显得不知所措，"放心，我不会去告状的，我只是想和你交个朋友。"教授的眼里充满诚恳。"我叫时野皓，初二B班的学生。"说话时，男孩的声音很低。教授问他为什么在这里，是不是遇到了什么事情。男孩说："我的成绩不好，大家都说我很笨，爱调皮捣蛋，不学无术。老师也说我不是学习的料，实际上，我也确实如此，没有一门功课是及格的，我伤了爸爸妈妈的心，辜负了老师的期望。"

教授笑了，"孩子，你还真的很笨，别人说你什么样子，你就觉得自己真是那样的吗？告诉你，我刚刚第一眼看见你的时候，就觉得你在不久的将来会成为我们学校的重点培养对象，会上最好的高中，然后你将冲刺名牌大学。你的人生是一片辉煌，你的前途不可估量。"男孩眼里涌出泪水，从来都没有人这样评价过他，但他立即说："骗人！这么好的事怎么会被我碰上，我是大家眼中不争气的笨蛋。"男孩想走，却被教授拦住了，"不信，你看。"教授指着男孩说："你现在有健康的体魄，大把大把的时间，令人羡慕的青春时光，明亮的眼睛，圆圆的小脑袋，灵活的手指。如果你从现在就开始运用它们，那这些就不是骗人的！如果你来到世间，只是为做一个众人眼中的笨蛋，那干吗还要让你拥有这些？"男孩终于笑了，老教授接着说："记住，没有人可以决定你的样子。你不是笨蛋，证明给他们看。"

青春心语坊

是的，没有人能够决定一个孩子现在的样子，更加不能决定他将来的样子。真正可以做决定的，其实还是自己。身体是父母给的，不能再改变，但是在心灵上、精神上，自己就是创造者。当别人为你的能力贴上"笨蛋""蠢猪"等标签时，你千万不能附和着说"事实上我就是这样"，因为这表明你赞同别人的看法，并将终其一生被这种标签所限制，这决定了你一辈子的命运。

青少年往往在自我认识上缺乏正确的引领，导致别人说什么就是什么，感觉自己似乎也就是如此这般，最后无法找到自己正确的生活轨迹，始终按照别人的意愿生活，自己不能做自己思想和感情的主人，在关键时刻不能正确把握自己，就像上文中的时野皓一样，如果没有老教授当初的那一课，或许他永远都是个"调皮捣蛋的不学无术者"，而与他的名牌大学梦无缘，因为他已经被众人打上了这样的标签，他的未来也将会受到牵连。而与老教授的一番谈话，彻底改变了他的人生，这就是一个孩子对"期望"的理解。

因此，如果你希望他成为什么样，那就怎样赞美并鼓舞他，而不是一味地激将、贬低；反过来，如果你被别人打上了不好的标签，比如大家都说，"瞧瞧××，总是那样不懂事""××就是这么腼腆"，或者是"他一点都不友好"，等等，青少年往往很容易就接受了，在心里想"我就是这样""我也管不了自己，似乎本来也就是这样"。当这些标签被贴上了，就很难再摘除了。青少年朋友们，如果不想被这些可怕的标签影响一生，首先就不要接受，要积极乐观地面对，形成对自己的正确评价，明确自己的价值，坚定起来，时刻激励自己，找到自我存在的价值。你要相信自己是这个世界上独一无二的，没有人可以决定你最终的样子，只有你自己！

第四节 没有巨人的肩膀

• 小仲马的故事

现在大家都知道小仲马是大仲马的小儿子，但是很早之前，或者说当小仲马还没有出名时，谁都不知道，小仲马一直以自己的勤奋精神努力着。一天当父亲大仲马得知小仲马投寄出去的稿件一直得不到重用时，大仲马对儿子说："何不随稿件写上一封短信呢？让他们知道你是我的儿子，这样或许你的稿子情况就会改变。"小仲马听后断然拒绝了，他说："不，我不想这样，我不想坐在您的肩膀上采摘苹果，即使摘下来了也不是我自己的。"

小仲马后来不但严词拒绝，还给自己起了很多不同的笔名，这些笔名都是为了不让那些审稿的编辑们把他和父亲联系起来，他想用自己的力量为自己的事业敲开一扇门。遗憾的是，他寄出去的是稿子，而迎接回来的却只有那一封封无情的退稿信。然而小仲马并没有灰心丧气，依然坚持将自己的长篇小说《茶花女》完成并寄出。这次，他的作品终于以奇特的构思和优美精彩的文笔赢得了一位资深编辑的赞赏，由于这位资深编辑和大仲马的书信交往甚为密切，并最终发现这名《茶花女》的作者来信地址和大仲马丝毫不差，就自然而然地想，这是不是大仲马的另一个笔名，可是仔细推敲，这部作品里文字风格与大仲马是截然不同的。带着这样的疑问，这名资深编辑拜访了大仲马。

后来他惊奇地发现，原来这里不仅是大仲马的家，他也在这里发现了《茶花女》的作者小仲马，得知他是大仲马的小儿子以后，他问："你为什么不直接署上你的真实姓名或是你父亲的名字呢？这样或许你早就出名了。"小仲马还是异常坚决地说："不，那样我就永远都看不到自己的高度了。"编辑听后对这位年轻人的勇气和自信十分感动。后来，《茶花女》出版了，发行后，法国文坛上众多书评家都一致认为，出自小仲马之笔的《茶花女》已经远远超出了其父亲大仲马的代表作《基度山伯爵》。就这样，小仲马凭借自己的实力在文坛上声名鹊起。

青春心语坊

每个人都有自己的价值，而这价值是需要通过自己的勤奋努力才能获得的。青少年朋友们要想清楚地认识自己，就必须付出行动。所谓心有多大，舞台就有多大，一个人的心若能看得到长远的未来，就不会在乎眼前的安逸和不劳而获的美誉。站在巨人的肩膀上看世界，或许开始时你会惊喜于眼前的奇特景物，以为你得到了你想要的，但是久而久之，便会发现，别人已经远远地超过了你，巨人的肩膀也不会一辈子都被你踩着，如果有一天你失去了巨人的肩膀，你也就失去了瞩目世界的机会。

正处于青少年时期的孩子们也是一样，如果你的父亲母亲很优秀，可以说你的上半辈子几乎都不需要自己出去打工挣钱，都可以一直过着衣食无忧的日子，你将来大可凭借他们的人际关系为你找个好学校，为你找份好工作，你不用很努力就可以过上优质的生活。可以说，你是幸运的，但也可以说，你是最不幸。幸运的是，你有这样的一个家，这样一对优秀的父母为你做榜样；而不幸的是，假如你自以为条件过人而不付出努力，一直沉浸在甜腻腻的幸福中的话，那么，你的下半辈子将会在同龄人中越发显得悲惨，因为上辈遗留下来的终究会有见底的一天，那个时候，你将会发现，原来你一直都一无所有。这便是富人家的孩子不知进取的悲哀，而往往穷人家的孩子早当家，因为他们知道苦的滋味，最终他们会把自己的下半辈子过得很好，因为他们已经在那些艰难的岁月里获得了可以享用一生的财富。

正确认识你自己，不是站在父母的肩膀上审视自己，而是从自我的能力角度准确衡量自己，像小仲马一样，深知即使有个伟大的父亲，也不是自己成才最坚实的依靠，真正可以证明自己的是自己的能力。

第五节　别为自己找借口

• 不再给自己找借口

城城一直不怎么听话，学习成绩中等偏下。妈妈一直为这事担忧，眼看还有一个学期就要中考了，要是进不了城里的好高中，可能他还会一直"堕落"下去。平时城城看起来笨笨的，胖胖的身体一点也不灵活，说话做事也不够敏捷，于是大家常常讥笑他，说他呆头呆脑，简直像木头疙瘩一样。

一天，城城忽然对妈妈说："我想学跳舞，就是那种街舞。"妈妈知道这是时下蛮流行的舞种，很多人都在学着跳，心想这孩子肯定是一时兴起，不能由着他胡来，平时学习都不见这么积极。于是严词拒绝，不让城城去报名。

没想到，城城并没有因此而丧气，之后他就经常和好朋友一起去参加舞会，还去舞馆偷偷学习。看得多了，心也用上了，城城居然在不知不觉中跳起来，而且还找到了感觉。

学期末的时候，羞怯的城城首次报名表演了晚会节目，他表演的就是街舞。当现场的灯光亮起来，那有节奏的旋律跳动起来时，城城已经大方地站在了台上。随即一束特写的光照在他的身上，城城便跳了起来，那紧凑而明快的舞点，分明就是青春的写照，台上激情四溢的城城一改平时矜持腼腆的作风，不是亲眼所见，人们根本就不敢相信他便是城城。一曲末了，大家都禁不住鼓起掌来，老师们也不敢相信，这平时看起来并不起眼的孩子，骨子里其实是个很有潜能并值得开发的人。

之后，老师找到城城的妈妈，当他将城城在舞会上的表现说出来时，城城母亲的脸上露出不敢相信的表情。后来妈妈和城城谈话，首先肯定了城城的能力，然后又为他分析了在学习上为什么总是停滞不前的原因，城城也若有所思。初三新学期开学时，老师明显发现，原本作业不按时完成的城城开始认真地完成作业了，原本总是以闹钟响没听见、班车晚点了、妈妈做饭晚了等借口迟到的城城也没再迟到了，以前课堂作业做错了，城城会借口说老师说快了，自己没听清楚，而现在他会老老实实地再做一遍。

一个学期下来，城城的成绩已经稳居班级前茅。

青春心语坊

你究竟知道自己多少，了解自己多少？做错的事、做不好的事就不愿再做，感觉自己做不到的事就不敢尝试，到最后你就真的什么也不会了。青少年不管是在学习上还是在生活上，都会有种消极的排斥心理，一件事做不好，就再也不敢做第二次，或者是觉得自己做不到的事，连试试都不愿意。"一定不可能的"这句话不仅仅是对孩子自尊心的侮辱，也是对积极性的抹杀，是最恶劣的借口。也许有些事情看上去很艰难，似乎很难做到，但是只要用心去做了，用心去努力和付出了，那就有可能完成，否则就连1%的希望都没有。

青少年朋友们往往在做错一件事或做不好一件事情时，就会为自己找到很多开脱的借口，说来说去，最想表达的意思就是：这件事其实和我没多大关系，我也不想这样，等等。而事实上，当那些所谓的借口从口中冒出来的时候，就已经决定了你对待这件事情的态度。因此，借口是一种不负责任的自我开脱，擅长借口的人是不可能有所建树的。现在你是否开始意识到，为什么你在其他事情上，比如跳街舞、打棒球、溜冰等非常有兴致，而在学习上你就是提不起精神，或许这个时候，你会借口说"我就不是学习这块料""大家都说我更适合……""我尽力了，有什么办法"总是拿类似的借口来为自己的过失开脱，长时间下去，你就会真的以为是这样。因此，只有真正正视错误、正视困难，才能最终战胜它们，找回最真实的自己。

第六节　摒弃三心二意的自己

• 楚王射猎的故事

春秋时有个叫养由基的人，他生性刚强坚毅，并且练得一手好箭，可以在百步之外射中树木上的叶子，并且是百发百中。楚王因此特别羡慕，于是就请来养由基教授自己射箭，养由基也不辜负楚王的一片好学之心，就把射箭的技巧倾囊相授。楚王积极性很高，练习了好长一段时间。一天，他觉得应该差不多了，便决定和养由基一起出去实战练习一次。开始的时候，楚王兴致勃勃，他命人将藏在芦苇中的野鸭子赶出来，当野鸭子受惊飞起来时，楚王便弯弓搭箭，准备射那些在半空中飞翔的鸭子。就在这时，楚王的眼皮子底下出现了一只小山羊，于是楚王灵机一动，把箭对准了山羊，他想，射中一只山羊可比野鸭子划算哪！而说时迟那时快，一只梅花鹿从另一面蹿了出来，楚王眼睛一亮，自然又觉得梅花鹿比山羊划算，于是又换了方向去射击梅花鹿。楚王原本以为这是个展示自己射击技术的好时机，而且又可以射中一只罕见的梅花鹿，真是一举两得。而就在这时，楚王身后的大臣们一声惊呼，楚王回头一看，原来是一只苍鹰从树丛中飞将出来，眼看就要飞向远方，楚王又把箭瞄准了苍鹰的方向，可是这个时候已经来不及了，苍鹰很快就消失在天空中了，楚王觉得不妙，便掉头去射击原本想要射的梅花鹿，但是梅花鹿早就不见影踪了。兴致勃勃的楚王最后什么也没射到。

青春心语坊

读完这个故事，想必大家都会觉得楚王太没有目标了。或许大家还会想到另一个小猴子的故事，也同样是因为瞻前顾后，什么都想要，而最后却什么都没得到。楚王在射猎时显然是没有很明确目标的，只是随着眼前事物的出现而瞄准目标，并不是瞄准一个，完成了再去实现下一个。这种没有目标的做事方法自然是没有收获的。

青少年在成长和学习的过程中，不能做这样的"楚王"，这山望着那山高，往往到最后什么都学不到。首先应该明确你即将要做什么，现阶段最主要的目标是什么。在执行目标的时候，不要让外界的诱惑扰乱了你的意志，也不要认为错过就没有了，要知道，只有你认真完成了这一步，才有机会去实现下一个目标，到时候会有更好的在等着你。其次，你要了解自己不该做哪些事。那些在前往既定目标的路上会产生阻碍作用的事物，最好不要去关注，你要明白对你来说，完成一个目标比选定一个目标更加有价值，知道不该做什么有时候与知道该做什么一样重要。最后就是锁住你的心。不管你学的是什么，做的是什么事，订立的是什么目标，都要一心一意才能见成效。

所以，为什么很多青少年朋友总是说自己这也不行，那也不行，似乎自己真的就一无所长，这时候好好想想，你有没有在一件事上多下点功夫，是不是一有点小困难就开始想退缩了呢？于是又更改目标，不行又更改，这样反反复复，什么事可以做好呢？所以说，要想认清自己的能力，就不能三心二意。

第七节 别为缺陷而烦恼

●矮个儿的小慧心

小慧心的个子不高，读小学二年级的时候就一直被大家嘲笑，小慧心在班里的座位始终都是第一排，每次上完课回家，妈妈在她的头顶总是会发现一层不厚不薄的粉笔灰，衣服上也有，为此，妈妈也找老师谈过，但是如果把小慧心调到后面，她的个子太小了，前面的同学就会把她挡住。最后，小慧心不得不一直坐第一排，坐了整整一个小学。

读初中了，小慧心的个子依然比同龄人矮很多。有一段时间，她躲在屋里哭，也不愿与大家出去游玩。但是后来，她终于知道，个子代表不了什么，再说，说不定以后还会长呢。后来，小慧心就开始更加努力学习了，由于她坐在教室的最前面，那张可人的脸蛋上时时挂着的笑容给很多人都留下了很深的印象。再加上，小慧心的学习成绩一直在班内不断地上升，大家对这个小个子女生有了更多的关注，都说她人小志气大。

一次很偶然的机会，市里要来人检查，按照惯例要举行升旗仪式做好迎接工作。校长要求每班都选出一名代表，组成一支迎接团队专门负责迎接工作。班主任对小慧心的印象很深，于是就把小慧心推举了出来。当各个班级的众多代表聚集在一起时，小慧心的心在一瞬间颤抖了一下，这些人中，只有她最矮小。后来老师在编队时按照高矮顺序，就把小慧心排在了最前面。迎接仪式开始时，小慧心甜美地微笑着，丝毫没有因为自己是最矮小的而感觉到自卑，正是这份自信的笑让莅临校检的老师记忆深刻，在接受采访的时候，老师特意站在小慧心的面前，还让小慧心代表全校学生发言。小慧心虽然心里有点慌张，但依然不改她脸上自信的笑。节目播出后，大家都对这个小小的女生印象深刻。

青春心语坊

身体的高矮胖瘦决定不了什么，关键在心。自信的人哪里都有转机，失去自信，机遇就算摆在你面前也会因不相信而错过。卡耐基说过，一种缺陷如果生在一个庸人身上，他会将它视为一个得之不易的千载难逢的借口，全力用它来偷懒、求恕，任何做不好的，做错的都是它的缘故；而假如是生在一个有作为的人身上，他不仅会想尽各种办法来加以克服，更会利用它来发奋，做出一番不平凡的事业。

而实际上，并没用所谓的真正意义上的缺陷。个子矮了就是缺陷吗？身体胖了就是缺陷吗？眼睛不够大、单眼皮就是缺陷吗？反应没有别人灵敏就是缺陷吗？数学成绩不好就是缺陷吗？……青少年朋友在成长的过程中，总是会遇到这样那样的苦恼，遭受各种各样心理上的打击，这是不可避免的，不要总是觉得自己这也不行那也不行，然后就觉得是自己本身的缺陷，给自己错误的安慰。相比较那些真正残疾的人，你们的苦恼又算得了什么呢？世界上，不因残疾而放弃奋斗的大有人在；人小而成就大的人不计其数，人高马大而内心虚弱的也比比皆是；胖子可以创业，也可以自甘堕落，你想成为什么样的人，全凭自己的选择。

第三章　你是独一无二的

　　前面带你认识了自己，很可能会有很多人认为自己这也不行，那也不行，根本就没有那么好。但是孩子们，你们错了，宇宙间每一种生物的存在都有它存在的理由，你也不例外，相信你来到这世间一定是有使命要完成的，并且你是独一无二的，世界上再也找不到一个和你一模一样的人了！本部分将教你如何正确评价自己的价值，明确自身的优缺点。之所以负重，是因为你是一个有使命的人！那么，你需要以一个什么样的心态来看待这些问题呢？即使你现在是一个贪玩、不爱学习的孩子，即使你还不知道自己的使命是什么，即使你具有与生俱来的缺点，这都不重要，重要的是，你要有一颗正确看待自己的心。

第一节　给你一面镜子

●爱因斯坦的故事

　　爱因斯坦小时候和大多数的孩子一样，很贪玩，爱捣蛋，还经常和一些学习成绩不好的孩子疯在一起，言行举止都深受影响。那时候爱因斯坦的父亲很是担忧，他害怕儿子会渐渐变坏，不走正道，一直都想找一个好机会给儿子上一课，好让他认识到现在的处境，并最终学好，这样的想法一直到爱因斯坦16岁。那是一个和风轻抚的秋天，父亲看见爱因斯坦又要丢下作业去河边钓鱼，于是拦住了他，并和他说："那天和你邻居约翰叔叔去打扫工厂里的大烟囱，必须要踩着烟囱里面的钢筋踏梯才能爬上去，当时约翰在前面，而我紧跟在他的后面，就这样我们爬上去清理完烟囱后准备下来，约翰还是在前面，我在后面。当我们下来重见阳光之时，我看见你约翰大叔的脸上、肩膀上、后背上几乎都被烟灰染黑了。那时我就想，我肯定和你约翰大叔一样，浑身都是脏兮兮的。于是我来到水边准备把自己好好清洗一番，却在水里看见自己的身上其实一点烟灰都没有。但是约翰竟然都不想和我一起去清洗，后来他说，是因为看见我的身上一点烟灰也没有，便以为自己的身上也同我一样干净。后来当我们在大街上行走时，大家看见你约翰大叔都笑得前仰后合，还以为他是个疯子呢。"

说完，爱因斯坦也跟着父亲一起笑了起来，不一会儿，父亲停下来说："实际上，我和你约翰大叔都把对方当成了自己的镜子。而在这个世界上，谁也做不了谁的镜子，只有正确地审视并认识自己，才是自己最好的镜子。否则，拿别人做镜子的人，白痴也会将自己当成天才的。"

爱因斯坦听完，脸上的笑不见了，他似乎已经意识到了什么。从那以后，他便离开了那群贪玩的孩子，从此以己为镜，最终他用自己这面镜子照出了真正属于自己的人生智慧。

青春心语坊

有一个类似的寓言故事。一只晨曦里的狐狸，对着河水中自己的倒影说："今天我要用一只骆驼来作为我的午餐。"于是一整个上午，狐狸都在四处寻找骆驼，而正午时分，骆驼依然没有找到。这时候，他再次看看水中自己的影子，心想："原来，我只需要一只田鼠就够了。"造成这两种截然不同想法的主要原因就是狐狸在水里看到的影子，晨曦的阳光将狐狸的影子拉长，让它自以为自己的身体高大无比，需要很多的食物来充饥，而正午的太阳又将它的影子缩短，狐狸便开始怀疑自己的能力。

这样的狐狸其实和约翰叔叔都是一样的，看不清楚自身，而只会看镜子里的人。现实生活中，青少年的自我意识正处于苏醒和构建阶段，难免对自己认识不足，甚至有时候还会犯同狐狸一样的错误。

所以，当你还不能正确认识自己的时候，不要急着下结论，更不能轻易以别人为参照物，以为在对方的身上就可以看见自己的影子，或者以为自己看见的就是自己的样子，那就大错特错了，因为你和别人不一样，每个人都有自己独特的一面，纵使是双胞兄弟姐妹，你也无法在对方身上完全看见自己的影子，只有自己才是自己最明亮清晰的镜子。

要想正确地认识自己，就要努力看到自己的长处，同时也要清晰认识自己的短处，正视不足之处，给自己一个正确的定位，善于反躬自省，而不是以别人为镜子来衡量自己。

第二节　每棵树都有它挺立的理由

•每棵树都有它挺立的理由

学校报名参加了全市义演，为一名即将动手术的贫困母亲募捐。莎莎被老师选定为这次参赛表演的演员之一，演出的剧目是一个情节感人的话剧。莎莎的形象很适合扮演女主角，被告知要担任主角的莎莎很兴奋，在拿到剧本后的第二天就开始在家里练习台词，后来妈妈也加入练习之中，帮助莎莎一起练习。半个多月过去了，每次莎莎和妈妈一起排演的时候都很自然，但是一到学校的演出台上，就什么都忘记了。

后来，老师找莎莎谈话了，说现在剧中又有了一个旁白者的角色，觉得莎莎的声音很柔和很好听，或许担任旁白会更适合莎莎。老师的言语很委婉，尽量不去伤害一颗柔软的心，但是莎莎还是难过极了，老师的话深深地刺痛了她。那天回到家，莎莎没说话，也没和妈妈一起练习台词，吃完饭就默默躲在书房里。妈妈看出了女儿的心思，没有直接问怎么今天不练台词了，而是问她愿不愿意陪她一起去小树林走走。

这个小树林是莎莎和妈妈一起创造的，都是一些很小的小树，还没有长大。妈妈说："这些树种了这么长时间，一点都不见长，今天是不是应该将那些看起来不怎么样的小树挖掘，我们再种新的树苗呢？"莎莎听后，立即反抗道："不可以！每棵树都有它挺立的理由，不能随便就否定它们！""对啊，每棵树都有它挺立的理由，别人没有权力决定它的价值。"妈妈笑着看着自己的女儿，接着说："人不也是一样吗？有时候在同一个舞台上不可能人人都适合做主角，演配角的人并没有什么值得羞愧的。"莎莎听完眼泪落了下来，原来妈妈都知道了。"瞧，我们莎莎将会作为优秀的旁白者参加这次的义演，实际上，旁白者和主角一样很重要。"

青春心语坊

每个人的价值都不一样，人不可能在每一个地方都拔尖，关键是要凸显自己在特定位置上的价值。树林中，不是每棵树都有长成参天大树的本领，但只要有绿叶，就可以遮挡住阳光，给行人一片阴凉，不管是矮的，还是弯的斜的，都有它自身的长处；和树木一样，演出的舞台上你不是主角，总有那么一个人是，这并不代表那个人在学习或者其他地方都胜过你。每个人的个性、责任、理想以及生活学习的方式都不一样，都是一棵棵不同的小树，但最终都会以自己的方式长大，完成属于自己的责任与梦想。正确认清你自己，不是偏执地以某一个领域为衡量范围的标准，而是要全面考评，全面反省，这样才能真正发现自己的优势和缺陷，才能在今后发展的道路上扬长避短，实现人生的价值。

第三节　我不美，但是我很温柔

● 丫丫的烦恼

丫丫有一个很大的烦恼，并且随着年龄的增长，这个烦恼也渐渐越来越大。丫丫很不明白，为什么上帝这么不公平，那么多的女孩子都有白白嫩嫩的皮肤，为什么就是她没有？每次看着镜子里黑不溜秋的自己，丫丫就紧紧地皱眉头，她喃喃自语："真想换个脸。"

老师说，有内涵的女子才是吸引人的，而不是光靠美丽的外表。要想有内涵，读书是很重要的一项修炼。有一天，闲坐无聊的丫丫翻开了一本故事书，她看到这样一个小故事。

有一个很有才华的青年诗人，很爱写诗，但是却得不到大家的喜欢。他觉得自己用心写出来的文字居然不被承认，真的是一件很可悲很孤独的事。于是他决定打开这个心结，便前去拜访父亲的老友——一位钟表匠。老钟表匠了解情况之后，将青年诗人带到一间摆满了形形色色名贵钟表的房间，并从中挑选了一件可以指示星象运行，还可以同时显示海潮时间和日期的样式别致的怀表，递给青年诗人。青年诗人显然对这款表很是喜欢，当询问怎样才能买下它时，老钟表匠说，只要用诗人自己手腕上的普通手表交换就可以了。后来，诗人回家了，又开始了日复一日的写诗生活，换了表之后，诗人开始兴致勃勃，不管是吃饭、睡觉，还是出行，他都一直带着这只怀表。可是不久之后，青年诗人还是回老钟表匠住的地方换回了自己原先的手表。老钟表匠询问原因，他说："它的功能很多，但是有什么用呢？谁来询问我关于星象的运行和海潮的时间呢？重要的是，它不会显示时间，这对我来说简直难以接受。其他的作用对我来说就是无用的摆设，我想我不需要。"老钟表匠终于笑了，说道："这就对了，重要的是适用，而不是华丽的外表和摆设。做好自己当前所从事的事业比什么都重要。"

丫丫读完故事很有感触，也终于明白自己一直以来都是在自寻烦恼。于是她拿起笔，将自己的感悟用文字串联起来，字里行间流露出一种同龄人难得的领悟。后来，班主任将这篇文章的结构略加修改便投给了报社，结果，丫丫的文章被刊载出来了，很多有同感的青少年朋友都给丫丫写信。丫丫这时候才发觉，原来很多东西并不是美丽的外表可以换来的。

青春心语坊

生活中有丫丫这种烦恼的青少年朋友或许并不在少数，很多人都会在成长的过程中遭遇相似的情况，对自己的长相不满，或者对自己的能力产生怀疑，尤其是青春期的孩子，很在意自己在异性眼中的形象。其实这还是因为你不够了解自己，还不能准确地认识自己。如果你深知，丰富的内心和优雅的内涵才是一个人吸引力最主要的来源，那就不会再担心自己的外表和长相，而一个人的能力更加不是外表可以决定的。

类似的道理，你的价值不体现在多而杂，而在少而精。对于青年诗人来说，他不是科学家，并不需要知道星象的运行状况，也不需要了解海潮的时间和日期，随身携带的表只要可以准确指示时间和日期便是它最大的价值了，反之，即使它有再多的功能，运用不上，就还是没有价值。而对于丫丫来说，或者说是对于一个女孩子来说，美貌纵然很美好，但若不能拥有，那就努力修好一颗美丽的心，要知道，美丽的心是永远不会随着时间的流逝、年华的老去而失去光泽的。更何况，谁说皮肤黑点就不美丽呢？

　　以此类推，可以体现一个人能力的不是他在做什么，而是他在做的时候是否体现自身真正的价值所在。这不仅是一种人生发展的取向，还是一种正确对待人生的方式。因为每个人都有自己的生活方式、个性和观念。做自己，做自己梦想的事，做可以体现自身价值的事，就是最好的自己。

第四节　你是独一无二的

● 那些独一无二的人

　　有一个身材矮小的女孩，很喜欢乒乓球，但是所有人都不看好她，认为一个女孩子是不可能在这方面有出息的。而唯独父亲对她说："相信你自己，你很优秀，你是独一无二的。"后来她真的成了乒乓球国手，她就是邓亚萍。

　　还有一个很喜爱足球的女孩子，希望通过自己的努力考上足球队。但是很多次她都失败了，以她本身的身体条件来说，真的不是很出众。可是有一名教练总是鼓励她："相信自己，下次一定会成功。"后来，她成功地进入足球队，并且很多年之后，她成为中国足球队的队长，她的名字叫孙雯。

　　一个小男孩从小就有口吃的毛病，这对他来说是多么糟糕而自卑的事啊。当周围人都在嘲笑他的时候，唯有母亲对他说："孩子，相信你是这个世界上独一无二的，因为你的嘴巴总是不及你灵活的脑袋快。"后来，这名男孩成了美国通用电气公司首席执行官，他的名字叫杰克·韦尔奇。

　　有一个出租车司机的女儿，很爱唱歌，当歌星一直是她的梦想，然而上帝却给了她一张大嘴巴和一口龅牙。首次开演唱会的时候，她一直在竭力遮掩，想用上唇将突出的牙齿盖住，这个样子看起来有点可笑，她要展示的魅力也无法展示出来，最终她还是失败了。可是有一个听过她演唱会的人却并不这么认为，反而觉得她很有天赋，于是他鼓励她放心大胆地做自己，让那一口的龅牙显露出来，那样就会更加表现自如了。女孩接受了这份宝贵的建议，再次开演唱会的时候，她不再去想自己的龅牙，而是将全部的精力都放在表演上。后来，她成了有名的歌星，她的名字叫卡丝·黛莉。

曾经有一个年轻的作曲家，应邀参加一个贵族聚会。在聚会上他受到了一个公爵的嘲笑，因此受到打击，感觉很自卑。而他的朋友对他说："这样位高权重的公爵有很多，可是你就是你，独一无二的。"后来，他摒弃自卑，写出了很多优美的曲子，其中多数都成了流芳百世的不朽乐章。他就是贝多芬。今天大家都知道贝多芬，而那位公爵已经没有人记得他了。

这些，都是世界上独一无二的人，他们用自己的努力，在各自不同的领域证明了自己特有的价值。

青春心语坊

莎士比亚说："你是独一无二的。"是的，每个人都是独一无二的，世界上再也找不出另外一个你。所以，你就有存在的价值。不要怀疑自己的能力，所有外界的刺激都是对你的考验，如果你可以笑着接受，并最终作出证明，那就是你的价值了。

青少年朋友们，不要抱怨上帝如此不公平，也不要抱怨自己的条件比别人差，没有别人的好运气，没有别人的家室背景……实际上这些并没有限制你发展的权力，如果你将这些视为阻碍，那我只能说你是在为自己找借口。

成不了高山，那就甘愿做一方平原；成不了浩瀚的江海，那就静静地做溪边流淌的清水；长不成高大的树木，那就做一棵简单平凡却坚强的小草；做不成将军，那就做最好的士兵；做不了伟人，那就做好普通的自己。只要你知道自己是独一无二的，发现了自己的优势，那么，你便可以在自己的能力范围内做好每一件事情。生命是需要进取的，是需要磨炼的，不磨怎么会发光？

第五节 蜗牛重重的壳

●蜗牛的壳

刚刚工作的时候，我在一个并不算大的小镇遇见了许久不曾联系过的小学同学。大约是小时候"不打不相识"的缘故，多年未见面的我们还是一如既往地亲切与熟悉。开口说话不到几句，她便说我开朗了，我也说她成熟了。当时正值夏天，她雪白的手腕上有一道深深的疤痕，很是扎眼。我便问起她这些年过得怎么样，眼睛一直在瞧着那道疤痕。她大概也发觉了，便将那次经历告诉了我。这里我暂且叫她玉好了。

那年，玉在另一所学校读高中，父母和弟弟都在外地，她和姥姥住在一起。妈妈一直对玉要求很严格，以考上一本大学为条件，否则就永远让她自己待在老家。玉原本就是个要强的女孩，学习成绩也算不错，但要考上一本，仍然需要努力。那时的玉很孤独，也很难过，父母一直把弟弟留在身边悉心呵护，却将她一个人留在这里。高二下学年，她面临学习上的压力，对父母也由爱变成怨恨。后来她遇见了一个男孩，男孩给了她少有的关心和照顾，明明知道不能在这个时候谈恋爱的玉出于对父母的报复，毅然谈起了恋爱。半年之后，当她意识到必须要为自己争取到一个未来的时候，便和男孩提出了分手。她以为分手以后成绩就会赶上去，可是那时距离高考只剩三个多月。玉一连打了一个多月的夜战，最后的成绩也只能排在班级中上等的位置，一本距离她还是太遥远。接下来的连续两次月考，玉的成绩还是不见提升，眼看着高考就要到了，要强的玉写了一封很长很长的信，然后在高考的前两天选择了割腕，她想结束自己的生命，卸下身上一直以来背负的沉重的壳。

还好被前来点蚊香的姥姥及时发现，才将奄奄一息的玉送到医院。因抢救及时，玉重新获得了生命。高考没参加，父母和弟弟也从外地赶回来了，睁开眼的玉看见满脸泪水的妈妈，第一次感觉到，原来妈妈也是在乎自己的。

出院之后，玉随着妈妈去了他们所在的那座大城市，做起了小生意。再也没人要她考大学，妈妈也改变了从前表达爱的方式。玉笑着说：假如那次我真的走了，就永远不会知道原来我在妈妈眼里也是这么重要的。还说，那次的经历给了她一个全新的自己，让她懂得，原本自己就是一只小小的蜗牛，背负着重重的壳痛苦前行，可是青春只有一次，不会负重就永远都不会成长。

青春心语坊

想起一个小故事。小蜗牛问妈妈："妈妈，为什么我们总是要背着这样一个又硬又重的壳呢？"蜗牛妈妈说："那是因为我们身体的缘故，天生没有骨骼的支撑，只能爬行，却又爬不快，这个壳刚好可以保护我们。"小蜗牛又问："毛毛虫不也是爬不快么，怎么他就没有呢？"妈妈回答说："因为毛毛虫将来会变成蝴蝶，天空会保护他的。""可是蚯蚓呢，他也不会变成蝴蝶吧，怎么就没有这么硬又这么重的壳呢？"妈妈慈爱地抚摸着小蜗牛的脑袋说："因为蚯蚓可以钻土，大地会保护他呀。"小蜗牛听后哭了起来："天空为什么不保护我们，大地为什么也不保护我们，如果我有妈妈的保护，是不是就可以不要这个壳了？"妈妈心疼地将小蜗牛揽在怀里，她说："不管有没有被保护着，我们都要有自己的壳，这样就不用害怕困难来临时无所依靠了。孩子，记住，我们谁也不要依靠，要靠就要靠自己。"

我感觉，玉的妈妈很像这只小蜗牛的妈妈。这或许是玉的妈妈另一种表达爱的方式，可是对孤独的玉来说，或许她更需要的是一份更加直接更加明确的爱。

现代社会的青少年似乎更加需要爱的呵护，而不是困难的折磨，因为相比较之下，他们的心灵更加脆弱。可是青春期的孩子，正值生命鲜活时期，应该是"不识愁滋味"快乐无忧的青春少年，可是为什么还是有人想要结束这才刚刚开始的鲜活生命呢？没有卖火柴小女孩那般忍受饥饿在街边受冻的经历，没有三毛无家可归、举目无亲的悲惨境遇，更不像可怜的凡卡，要自己去做童工换钱才能养活自己，或许是过于安逸的生活给了他们过多的精力去关注自身和内心，也或许是背在身上的"壳"太重太重了。

但就像玉所说的，"原本自己就是一只小小的蜗牛，背负着重重的壳痛苦前行，可是青春只有一次，不会负重就永远都不会成长。"生命是宝贵的，青春也只有一次，父母将你带到人世自然是希望你有所成就，这是天下父母一样的心愿，只是爱在他们口中表达的方式不同罢了。做只蜗牛吧，谁也不要依靠，只靠你自己，背着你的壳勇敢地前进，你要勇敢地对世界说：我是独一无二的，我是很重要的！

第四章　修炼闪亮的自己

假如你觉得自己还不够好，那就开始修炼自己吧。但是你需要修炼的不是别的，而是你的个人品格。优秀的品质有时候比资质、能力还重要，所以很多人说：造就伟人的并非时势，而是其自身的品格。人之所以表现出高贵，不是靠穿衣打扮得来的，而是内在的修养显现出来的。青少年要怎样修炼自己？如何发现并弥补劣势？如何在一片平淡中显示出非凡的亮点？人性中的优秀品质如何去挖掘并为你自己所用？成长的路上，你的人生是自己的还是别人的，将由你自己决定。因此，要正视人性中的弱点。

第一节　河蚌和珍珠

● 河蚌和珍珠的故事

一个阳光普照的日子，很多小河蚌在一只大河蚌的带领下来到了一片沙滩上。大河蚌说："现在自由活动吧，大家自己去捡一些沙子藏在怀里，然后就回来。"大家听完立即向四处散开，开心地玩耍去了。所有小河蚌都很听话地去寻找沙子了，只有一只小河蚌心想：我才不呢，沙子放进肚子里多疼啊。于是他没有去寻找沙子，而是去别的地方自己玩去了。很长一段时间过去了，其他小河蚌都回来了，而那只"小聪明"却一直不见回来。最后大河蚌不得不去寻找，在半路上遇见正在往回走的"小聪明"，大河蚌以为是"小聪明"很用功，还夸奖了他一番。

谁说青春一定迷茫

然而很多年过去了，当年在一起寻找过沙子的小河蚌都长成了大河蚌，当年的大河蚌也变成了老河蚌。一天老河蚌把大家集合在一起，说："当年让你们寻找的沙子应该还在你们的怀里，不过如今它们已经不再仅仅是沙子了，你们自己看看吧。"说完，大家都纷纷敞开胸怀查看，有的看见的是又大又亮的稀有黑珍珠，还有的看见的是精致可人的豆豆状珍珠，又惊又喜，老河蚌说，这是由当年被你们藏在怀里的沙子变来的。大家若有所思，难怪这些年一直觉得身体难受，不得不忍受疼痛的折磨，原来是沙子在孕育珍珠。如今，眼前的美丽和辉煌已足以证明当初的坚持和忍耐是值得的。

可是，大家都没有注意到，一边的"小聪明"悄悄地离开了。他知道他的怀里不可能有珍珠，因为当年他就是因为害怕疼痛才偷懒的。而现在他要为自己当年的行为付出代价了。

青春心语坊

没有沙粒就不会有珍珠，就像"小聪明"用自己的小聪明误了自己可以用来成就一生辉煌的机会。沙子因各种各样的机缘进入河蚌的身体，在它的体内不断地摩擦，河蚌柔软的身体难以承受，于是靠分泌黏液来减轻疼痛。然而正是这被沙子刺激而不断分泌出来的黏液将沙子紧紧地裹起来，越裹越紧，越裹越大，时间久了，河蚌不再感觉有多疼，只是那被黏液裹起来的沙子却日益变大，渐渐变成了一颗晶莹而圆润的珍珠，也正是这颗珍珠成就了河蚌一生用痛苦换来的价值。

如果说每一个青少年都是一只小河蚌的话，那么每一次的磨难和困扰都是沙子在刺激产生成就一生的黏液，如果你像那只"小聪明"一样耍小聪明，不接受磨炼，那么你将永远不会有生成珍珠的一天。既然如此，何不坦然面对成长中的挫折和困扰，感谢那些教会你哭的人与事，感谢每一次的失败，感谢每一次跌倒，正是它们让你感受到生活的本质，感受到生命的疼痛，感受到成长的艰辛。温室永远开不出健康的花朵，唯有风雨才能造就人才。美国著名作家罗威尔说："人世间一切的不幸就如同一把刀，它可以为我们所用，也可以将我们割伤，这就要看你把握的是刀柄还是刀刃。"所以说，正确地面对困境，坦然接受磨炼，才能最终孕育出真正属于自己的珍珠。从现在开始，学会用困难磨炼自己的意志，修炼自己的人格吧。

第二节　要有颗宽大的心

● 要有颗宽大的心

曾经有一座寺庙的住持，偶然发现在寺院的墙角边有一把座椅。住持很快就知道，一定是有人借用这把椅子翻墙出院。住持没有声张，而是悄悄将那把椅子移走了，而自己就待在墙角等候着这人的出现。不久便见一个黑乎乎的东西朝自己这边晃动，住持自己假装成椅子，这人也没察觉，很熟练地爬上了墙头。或许是感觉到了哪里不对，便回头看了一眼，借着昏暗的月光，小和尚发现，原来自己刚刚踩的是住持的背，一时间羞愧难当。那以后，小和尚很担心住持会很严厉地责罚他或处处找他的麻烦。然而一天天过去了，住持一点动静都没有，很久之后，小和尚才从偶然的一次谈话中得知，住持已经原谅了他，并且认为之后小和尚的表现也很不错，就决定不再追究这件事情了。原本以为会从此遭受惩罚的小和尚感激万分，从此不再起贪玩之心，而是一心一意修行，最终他成了寺院的住持接班人。

还有一个故事是说，一个战士从外地给父母打电话，说自己要回家了，但是和他一起的还有一个朋友，父母很高兴地说很欢迎，"只是这个朋友在战争中失去了一只胳膊和一条腿，他想找个地方长期住下来。"战士说完这句话之后，父母表示遗憾，他们说可以帮他重新找个安身之处，而并不适合待在他们家，因为一个残疾人会给他们带来很大的生活负担。听完这些话，战士沉默了一阵，然后很平静地挂了电话。以后也没有再来电话，不知道过了多少天，这对父母接到一个来自警局的电话，说他们的儿子已经坠楼身亡。匆忙赶去的父母看着儿子的尸体，意外地发现，儿子竟然只有一只胳膊和一条腿。

青春心语坊

小和尚收不住心，半夜翻墙出去玩乐，按理住持本可以依照寺规处置他，但是没有。住持为什么德高望重？就是因为他有一颗宽大的心，宽恕小和尚的罪过比严格的惩戒更加有效果。战士为什么会跳楼自杀？假如父母当初很爽快地说愿意，不说那些话，也许一切都会改变。如果你选择原谅，选择包容，选择善良和宽大，那你就选择了自己的品质。

青少年在成长的过程中难免会遭遇不顺，当别人不能以自己希望的方式待你时，心中也难免会不快，甚至气愤怨恨。可实际上，这些都是不可避免的，你也同样不能按照他人希望的方式来对待别人，不是么？所以，当你想要"教训教训"那个不好的人时，不妨用你的心去宽恕，宽恕的力量是不可估量的，或许你将会彻底征服他。对别人的宽容有时候就是对自己的宽容，或许你不经意的一个决定就可以改变别人，乃至你自己的一生。因此，修炼自己首先是要有颗宽大的心，接受一切美好的、不美好的，接受一切快乐的、痛苦的，接受一切你的、不是你的，到最后，你会发现，不管最初你选择宽容接受的是谁，最终你宽容和接受的都是自己。

第三节　诚信的人生才有价值

● 诚信是人生的通行证

从前有一个年轻人在读完高中之后就去了法国，并从此开始了他半工半读的留学生涯。在法国的生活给了他很多印象深刻的记忆，其中最让他惊奇的是，当地很多车站几乎全部是开放式的，也并不像中国在每个进站口都设有检票口，甚至连随机查票的程序都很少见。于是，年轻人凭借着自己的小聪明估算出逃票被查出的概率仅仅为万分之三，他想自己不可能这么"幸运"地成为这万人中少得可怜的三人之一。从此，他便经常逃票，并觉得其实也理所当然，因为就目前来看，自己还是不富裕的留学生。

很快，留学的四年过去了，年轻人也顺利拿到了名牌大学的证书，优秀的学习成绩以及手上那本金字招牌让他十分自信，他相信自己的未来一定是一片辉煌的。之后他便开始在法国巴黎的一些名企进进出出，踌躇满志地向企业经理人们推销自己，他很自信自己是他们所需要的人才。但是结果却并不如他所愿，那些开始表现出十分惜才的经理人，在看过他的简历几日后，都婉言拒绝了他。一连好几次碰壁之后，他开始思考究竟是怎么回事。又一次遭遇到婉拒之后，他决定要弄清事实的真相。后来，他用十分诚恳的言辞写了一封邮件给这家企业人力资源部门的经理人，烦请其告知不录用他的原因。当天晚上，年轻人便收到了回复，这才知道是什么原因让他在求职的路上屡屡碰壁。那封回函是这样写的："先生，您好！首先，我们确实很欣赏您的才识，但是一个没有诚信的人，再有才华，我们也不敢录用。经调查，我们发现您的信用度有很大的问题，因为您有多次乘车逃票被处罚的记录。鉴于以上，一个不遵守规则，不值得被信任的人，是不可能被我们录用的，抱歉。"

这样的小细节竟然成了他人生路上的最大障碍，或许终其一生，这位年轻人都要因此而受到影响。

青春心语坊

人生的大成就处有小细节，无数良好的细节才能完成你成功的跨越。谁也无法做到完美，但最起码的诚信是完全可以做到的。诚，是诚实，不做谎言的制造者；信，是守信，严格遵守自己的诺言，实践自己的言语承诺。诚信还是一种处世态度，是一种慎独的律己精神，不管有没有人监督你，不管有没有规则在钳制你，也不管有没有特定的处境在怂恿你，你都需要严格要求自己，不失信于他人，更不要失信于自己，不要让人性中的低下、卑劣显现出来，毁灭了你好不容易建立起来的美好人格。失去了诚信，你将难以在这个世界上立足，尤其在现代社会，和能力相匹敌的就是一个人的诚信，而一旦能力和诚信发生冲突，多数人都会站在诚信的一边，纵使你有再强的能力，再大的本领，也无法最终得到重用，因为，诚信是立人之本。

十几岁的青少年就像是一张干净的白纸，在还未进入社会之前，白纸是空白的，而一旦进入社会，白纸上所呈现的是什么都将由自己决定，现在的行为与品格将是未来人生轨迹上的宝贵储备。因为习惯一旦养成，将很难再改变。青少年阶段正是培养良好品行的大好时期，因此，青少年朋友在认识自己的同时，不能忽略自己人格上的了解，及时发觉自己在道德上的缺陷并改正，养成守信的习惯，才能在今后的人生中应对自如。"勿以恶小而为之，勿以善小而不为"就是这个道理。

第四节　别让嫉妒的魔鬼住进你的心里

• 妒忌别人是对自己的残忍

这是一个发生在日本的真实故事。日本明治时期，正值春日观赏樱花的大好时机。在一个叫作岚山的地方，大群游客前来观赏樱花，其中不乏大户人家的太太和小姐。一天，一名内急的女游客向一户人家请求，希望借用一下厕所。热情的主人八兵卫答应了。但是当时八兵卫的厕所很简陋，风一吹，外面的人便可以看见里面的人，这使得这位女游客很是尴尬。当时，八兵卫就生出了一个想法，第二天他便将厕所修整了一番，外面看上去很整洁，里面也很干净。八兵卫最后还在门口挂上了一块牌子，上面写的是：如厕一次三文。

当时正是赏花的高峰期，因此，八兵卫一家从中获得了一笔很可观的收入。

同村的一户人家看着眼红，他们不甘心八兵卫不费吹灰之力就变得越来越富有，于是这家的男主人便决心也要修建一座厕所，而且是那种精致美观的厕所，想必到时候一定有很多人会选择看起来更干净更养眼的厕所，这样也可以海赚一笔了。想到这里，男主人心里乐开了花，说干就干，于是他不惜花费重金建成了一座看起来足够气派豪华的厕所：厕所的四支柱子是用北山的杉木制成的；用香蒲草做天花板；杉树皮茸做屋顶，再用青竹子压住，系上蕨草绳；窗户也使用落地窗；榉木做踏板；萨摩木做便池的隔板，四周涂上黑色油漆；用扁柏制成的长薄板做门户；洗手盆用桥桩式……男主人心想，这下可好，比八兵卫家的好，看你还得意！

这座宏伟的厕所建好之后，可把男主人的妻子吓呆了，她可从来都没见过这样豪华的厕所。之后，这两人准备了一番，赶在樱花盛开之前开放了这座豪华厕所，并在门上挂上"一次八文"的牌子。这样的价格就算是京都仕女，甚至是有钱人家也会觉得偏贵。如此，大家都对此望而却步。妻子傻眼，以为这下可好，赔了高价成本不说，现在什么都赚不到。

男主人却笑着对妻子说："你等着瞧吧，明天我一定叫咱家的厕所前排着长长的队伍。"妻子心里疑惑，待到第二天，丈夫到十点才起床，然后便将盒饭挂在脖子上，衣襟掖在腰间，笑着对妻子说："孩子他妈，这辈子我做的事，你总是对我不屑，说我没本事，今天我就叫你看看我的实力！"说完就转身走了，也没等妻子回应。

妻子一直心里疑惑不解，她对丈夫太了解了，根本就不信他能做出什么惊天动地的事业来。但是不久，她便见到一个穿着入时的年轻女孩朝这里走来，然后向边上的钱箱里投进了八文钱，紧接着，便一直有不同的人进进出出。妻子这下更加不解了，这样的情形一直持续到傍晚时分，厕所不得不挂上"暂停使用"的牌子，因为里面已经装满了粪便。可是丈夫一直没有回家，这让妻子产生了一丝不祥的预感。不久便见村里的几个大汉抬着丈夫的尸体回来了。

原来，这个男主人从早上出门就一直待在八兵卫家的厕所里，他将门反锁，听见外面有动静，他便假装咳嗽，后来他的嗓子也哑了，腰也直不起来，再加上无比难闻的臭味，他最终倒在了厕所里。

青春心语坊

男主人的死，表面上看是被臭气熏死，被无休止的咳嗽咳死，而实际上他是被自己的嫉妒之心害死的。妒忌就是害怕别人的成绩超过自己，当他人有了成绩，得到大家的赞美和爱戴时，好妒忌的人往往不去探究别人取得成就的原因而妄自加以嘲讽、暗语中伤，甚至是像上文中的男主人公一样做出一些荒唐的事情来。这种心理说白了就是一种病态心理，是十分不健康的，往往鼠目寸光，心胸狭隘，嫉妒引发愤怒，严重影响到了自己的身心愉悦感，活在自己的痛苦中，常常会处在压抑、焦虑、怨恨等情绪状态下，长此以往就很难建立起和谐的人际关系，也无法正常与外界交流。更有甚者，还会为了达到自己的目的、找到心理平衡而走上犯罪的道路。

妒忌心理其实在青少年中很是常见，比如，考试成绩比不上谁谁谁，心里便觉得很不舒服；看见别人拿到第一名，便心生怨恨，甚至是出言诋毁；当别人获得认可和好评时，就会产生愤愤不平之气，另外，还会在身材长相、物质生活条件等方面出现妒忌的心理，如果出现这种心理不及时加以克服，便会给以后的健康生活埋下隐患。

首先，要培养自己广泛的兴趣爱好，拓宽视野，不要把心思放在别人的身上，你要知道时间是有限的，你浪费在别人身上的时间，加起来就已经可以使你更加完美了。可以想想：在这个世界上还没有谁可以让我如此浪费自己的青春，那个人更加不值得。

其次，正确认识自己。知道自己的长处和短处，不拿短处和别人的长处做比较，也不拿自己的长处和别人的短处做对比，这样你便可以活得更加坦然，妒忌之心也就很难再有。

最后，及时完善自我。当发现别人比自己优秀时，你不能妒忌，而是要分析原因，为什么自己不可以，是自己天生就比不上他吗？还是说，是自己没有将潜力发挥出来。还要准确分析他人成功的原因，从他身上吸取经验，而不是白白将心思花在妒忌和怨恨上面。这个世界上，不管是谁，都有权力发挥自己的长处，每一份成果都应该得到尊重，你的也一样。

妒忌就像是一把双刃剑，害人害己，实不可取；妒忌也可以化作一股动力，让你有前进的力量，关键是要正确对待它。修炼自己，就要将妒忌的魔鬼驱逐出你的灵魂，这样你才会变得更优秀。

第五节　本色人生

● 被磨掉的特征

一只背着重重的甲壳的乌龟在沙滩上晒太阳，路过的螃蟹嘲笑他说："这是什么怪物啊，这么难看的重壳，他也敢背出来！"乌龟听了，心里很难过。他早就有所察觉了，以前暗恋的小鱼姐姐也因为他的外壳而拒绝和他交往，看来大家真的是很不喜欢这样的他。于是他把脑袋紧紧地缩了进去，他也知道，这是他打从娘胎里就有的，无法改变的现实，也只能默默接受。

螃蟹们见乌龟不反抗，反而将头缩回去，便觉得乌龟很好欺负，就变本加厉，"哟喂，还真是缩头乌龟！"然后不知是谁还在它的甲壳上踢了一脚，接着是一声惨叫："妈呀，还真硬"。

乌龟等它们的声音渐渐远了，才把头伸出来，耳边却不停地回荡着那些话。于是乌龟找到一块礁石，然后他把背靠在礁石上不停地磨，他想磨掉这总是带给他羞耻的硬硬的甲壳。终于有一天，乌龟成功地将背上的壳磨掉了，这时候的它早已鲜血淋漓，苦不堪言。而这天正值东海龙王升朝，他宣布乌龟家族将成为一等伯爵，并且命令乌龟家族全体上朝拜谢。可是这只乌龟在大殿上遭到了龙王的质疑："大胆，敢问你是何方妖孽，竟敢充当乌龟！"龙王即刻命人将它拖下去斩了。乌龟大喊冤枉，"我是乌龟呀，不是妖孽，请龙王饶命啊！"龙王根本不信，"胡说！甲壳是乌龟的标志，你有吗？如今你没有了甲壳还敢说自己是乌龟？"不由分说，乌龟被拉下去斩了。

被斩杀的那一刻，乌龟的心里充满了悔恨，它后悔自己没有保持真正的自我，而过分在意别人的眼光，盲目地改变了自己最本质的特征。这时候才知道，原来自己改变的不仅仅是自己的本色，还有原本可以飞黄腾达的人生。

青春心语坊

每个人都改变不了自己天生就有的本质，这就是生命的本质。生命因本色而特别，因本色而具有意义。然而在现实生活中，有多少像乌龟这样的人，在他人闲言碎语的侵扰下，虚伪地寻找方法来掩饰自身的缺陷和不足，甚至盲目地改变了自己，殊不知到最后反而弄巧成拙。

青少年往往追求完美，有时候容不得任何一点瑕疵，而越是要求完美，暴露的缺陷也就越多，很多人会觉得是在丢脸。"人之初，性本善。"最初的本质其实就是你一生的财富，保持真我就是对生命最大的尊重，在本我的基础上，用心铸造一个好品质的自己。接受最初的自己，适当完善，而不是磨掉那些原始的特征。安静地看看周围的事物，学会谦逊，虚怀若谷，不为名利所累，不为权势所争，保持一份平静而随和的心境，任他人怎么说怎么贬低都不为所动，你就是你，别人是别人，何必要以他人的眼光来要求自己呢？以一个局外观花者的心态，拥有清新自然的快乐。

所以，不管你是天生丽质，还是后天不足，都不要将这些作为你衡量生命价值的标准和理由。认识到缺陷，有必要加以完善自我，然而要在本真的基础上，而不是像乌龟一样，硬生生地将最原始的自己抹杀。记住，人活着不是为了迎合那些不相干的人的"胃口"，这个世界上，你是独一无二的。

第六节　相信你是善良的

● 善良的心助你成就未来

在苏格兰，有一个十分穷苦的农民弗莱明。某天，当他在田地里耕作时听见不远处的泥沼里传来一阵求救声。于是他赶忙扔开农具奔跑到泥沼边，那泥沼里有一个小孩，正在苦苦挣扎，弗莱明便将这个小男孩救了上来。

第二天，农夫弗莱明的家门前就停了一辆很新的马车，接着从马车里走出一位潇洒而优雅的绅士，见到弗莱明，点点头做了简单的自我介绍，原来这位绅士就是他昨天救过的小男孩的父亲。绅士接着说："你救了我的儿子，我想报答你。"农夫忙说："不用了，我不能因为救了你的儿子而接受你的报答，因为换作别人，也会这样做的。"此时，农夫的儿子从里屋走出来，绅士见了问："这是您的儿子吗？"农夫很是骄傲地说"是"。绅士说："这样吧，我们来做个协议，我带你的儿子走，并给予他接受良好教育的机会。如果他如他父亲一样，那么将来一定会更加令你骄傲。"农夫同意了，绅士便带走了他的儿子。

之后，这位农夫的儿子在玛利亚医学院顺利毕业，成为世界闻名的弗莱明·亚历山大爵士，后来发明了青霉素（盘尼西林），并于1944年获得诺贝尔奖，同时被封骑士爵位。

几年之后，绅士的儿子染上了肺炎，正是青霉素（盘尼西林）救了他的性命。殊不知，那位绅士就是上议院的丘吉尔，而他的儿子就是英国有名的政治家丘吉尔爵士。

这是多么戏剧化的连环效应，一个农夫当年小小的善举，竟然改变了整个世界。

青春心语坊

关于善良，历来不同的人都有不同的理解。而善良其实很简单，就是你的心温暖了另一颗心，然后便有了一个又一个感恩的故事。青少年的心是敏感而纤细的，最容易的善良其实就是助人为乐。相传在一个饥荒年代，善良的面包师每天把做好面包放在篮子里，将城镇里最贫穷的孩子聚集在一起，然后把面包分给他们，并要求每人只能拿一块。一瞬间孩子蜂拥而上，只有一个可怜的小女孩很安静，她等着大家都拿完才上前去拿，并会对面包师说声谢谢，还会在面包师的手上留下亲吻。第二天也是一样，唯独还是那个小女孩不争不抢，对面包师表示感谢后才回家。而这次回到家，小女孩在面包里发现了一枚崭新的银币。妈妈很惊讶，要求小女孩将银币送还回去。但是面包师说："这是奖励给你的，孩子。希望你永远保持一颗平静、善良的感恩之心，并记住，它是会有回报的。"

雨果说："世界上最宝贵的是善良。"每一个人都有善良的一面，每一个善念都不是刻意而为之,每一个善举都将积累,总有一天会成就你的人生。学会善良,你便学会了感恩,心存善念之人,心是滚烫的,情是火热的,即使是冰天雪地的寒冬,也能驱逐寒冷,扫尽阴霾。善念生善行,善行开启智慧的美丽人生,灵魂将得到洗礼,活得也坦然。

第七节　别让羞怯掩盖了你的光芒

●羞怯的孩子

安雯是个十分秀气的女孩,在家里是个乖乖女,很听父母的话,在学校也是班里的优等生,学习成绩一直很好。但是有一点很让家长和老师担忧,他们觉得这个孩子的潜力是不可估量的,可就是过于羞怯,在陌生人面前、陌生环境中几乎从来不开口,表现得很是沉默,看上去也很不合群,仿佛永远拒人于千里之外。而与熟人之间也是时而侃侃而谈,时而沉默寡言。从安雯上幼儿园的时候她就显得和别的孩子不同,小小的年纪,就不和大家吵闹玩耍,常常静静地自己待着,害怕参加集体活动。一直到读高中,她还是很不习惯人多的地方,尤其是家里来客人的时候,安雯都是躲在里屋不肯出来,不敢和客人打招呼。为此,妈妈很是担忧,还甚至一度怀疑她是不是有什么心理上的疾病。

高中的时候,班上一个刚转学过来的男生见安雯羞羞怯怯的样子很是可爱,于是很喜欢逗她,常常在课间找安雯说话。安雯是个很平和善良的孩子,面对别人的友好,她自然不能拒绝,刚开始时,她会红着脸小声回应,在和这个男生不断聊天说话的过程中,安雯渐渐找到一种空前未有的心理满足感,虽然当时感觉很紧张,不知所措,可是事后她会慢慢品味到一种甜甜的味道。她想,原来自己也有这些令人羡慕的小优点,原来别人并不在意那些过分被自己放大的小缺陷,和他人交流,原来是一件很快乐的事。

那以后,安雯开始在课间和同桌聊天,有时候她的桌子周围也会围满了人,大家你一言我一语地说着,安雯觉得过去很漫长的课间10分钟现在仿佛一转眼就过去了。安雯彻底放开了，那愉悦的幸福感时刻在提醒她要积极融入集体，和大家多交流，那样才会有源源不断的快乐。

青春心语坊

因为羞怯而错过了结交好朋友的机会，因为羞怯而没有能够竞选到班长的职位，因为羞怯而错失了表现自己才华的大好时机……在陌生人面前羞怯似乎已经成了青少年一种很普遍的心理现象。可是羞怯并不是天生就有的，而是在后天的环境中逐渐形成的一种不自信，甚至是自卑的心理状态。过于羞怯会阻碍自身的发展，不能和他人正常交流，无法抓住机遇，不能积极地表现自己，以至于出现社交上的障碍。羞怯掩盖了多少青少年跃跃欲试的火热的心！

要想克服羞怯，首先就要学会勇敢，不要害怕自己会在社交场合（包括陌生人和异性面前）出错，要有胆量表现自己，有勇气开口大声说话，有足够的自信表达自己的见解和观点。

克服羞怯的方法主要有以下几种。

首先，学会借助外力来增强自己的自信心。也就是说要想想那些赞美，亲人所给予你的赞美和鼓励可以拿来增强你的信心，相信是自己的出色表现打动了他们，进而才能甩掉羞怯，自信起来。

其次，要善于表达。如果经历过一次羞怯的心理历程，你便会明白自己到底有什么样的情感状态以及需求，这是人际交往所必备的基础。你可以试着向遇见的每一个人微笑，对爸爸妈妈说心里话，向同学朋友发出问候，要懂得将紧张和不安的情绪进行及时的消化处理，适当地采取积极的自我暗示，告诉自己，出错是再正常不过的了。

再次，要预先了解并熟悉将会出现的困境。这是一个很有效的方法，只有熟悉了自己将要面对的场合、环境，了解将要面对的人和事，才可以做好积极的准备。比如说，你可以提前预习课文，做好被提问的准备，这样当老师问到你的时候，你就可以应对自如了；你也可以在镜子前练习和陌生人打招呼，这样你的脑海里便会有词汇储备，而不至于不知道该说些什么好。这种方法不仅可以帮助你养成未雨绸缪的好习惯，还可以增强你的自信心。

最后，要保持积极的心态，及时发现自己的长处。不想不好的，只想好的。寻找并发掘自己的长处，做自己所擅长的、最感兴趣的，尝试着与人交流，并能从中获得自我满足感，体味到快乐，当你也觉得交流是一件很美好的事情时，那么你就迈出了最关键的一步。

青少年朋友们应该记住，这个世界上没有什么是值得羞怯的，无论你如何羞怯，也无法改变你必须要面对的现实。当你对生活羞怯的时候，生活往往也会对你"羞怯"。

第八节　不过分追求外表

● 舞会上的夫人

从前有一对富裕的年轻夫妇，应邀参加一个舞会。当天还未亮时，富商夫人就开始起床，命仆人点上蜡烛，便开始打扮起来。

镜子里夫人的头发是灰白的，所以她每天都要戴上假发。而今天尤其要慎重，她不能让别人看出自己戴假发的破绽，因此要求女仆将假发的边缘仔细修饰好。女仆自然不敢违抗命令，很是细心地为女主人戴好。另外，夫人的眉毛也很稀疏，需要女仆用眉笔仔细地描画才行。可是富商夫人是个很挑剔的主，不是这里不好就是那里不够完美，这样反复折腾了很久，那时天都已经亮了。眉毛画好后，夫人又要女仆给她扑粉。因为她的脸上本来就有一些大大小小的坑和疤痕，这样就要求粉底必须薄厚有致才显得好看和自然。于是女仆又先将那些大小不平的坑和疤痕用粉填平，再涂上一层，好遮掩那些不完美的瑕疵。这样下来，加上先前戴假发和画眉的时间，整整3个小时过去了。这个时候，马夫已经备好了马车在大门外等候，因为距离舞会的地点比较远，必须早点出发，否则就很难准时到达了。可是夫人丝毫不理会，她还有衣服没挑选呢。于是她又不慌不忙地站在大衣镜前比试衣服，这个时候的夫人已经很饿了，从那天接受了邀请，为了在舞会上显示出自己的细腰和平平的小肚子，夫人就没再进过餐了。

夫人的脸色不好，身体也开始有气无力。女仆知道主人已经很长时间没吃饭了，又看见她现在的样子，就好心地说："夫人，您还是吃点早餐吧。"没想到立即遭到了反对，还被骂缺心眼。之后夫人又是选水晶项链，又是挑袜子、试鞋子，等一切准备就绪，夫人自己也觉得十分满意了之后，才走上门外的马车。

到达目的地时，舞会已经接近尾声，大家很惊奇地看着这位富商夫人，不仅是因为她来得晚，还因为她那一身华贵的装束和非凡的气质。当大家都开始称赞她的时候，她得意地说："那是当然，为了化妆打扮，我足足用了8个小时的时间呢。""噢，原来你的身上有那么多需要掩饰的地方。"不远处传来一个男士的声音，众人一听都大笑起来，就在这片笑声中，夫人忽然昏倒在地，在众人惊恐的眼神里，女仆忙说："请给我们夫人一碗参汤，她是饿晕的，为了保持好的身材，她已经3天没有吃东西了。"

青春心语坊

或许很多人看过这个小故事都会觉得这个夫人真是愚蠢和可笑，可是实际上，在我们的身边，甚至是我们自己也难免会想方设法掩盖自身的一些小缺陷，很多人还会像这个夫人一样，在镜子前耗费大量的时间，一点瑕疵都不愿有，为了虚荣的美丽而不惜长时间不吃不喝，以此来保持身材，其实这些做法都是愚蠢而可笑的，更应该加以避免和戒除。

外表通常包括一个人的长相、身材、五官、穿着、装饰等，人活着怎么可能完美无瑕，太过完美只会让人觉得不真实。只有自然的才是最真实的，也才是最美丽的。你花在穿衣打扮上的时间和你需要掩饰的缺陷其实是成正比的，如果一个人天生丽质，或者她追求的是真实和自然，那么，几乎不需打扮就会给人一种赏心悦目的感觉。最好的装饰和化妆品其实是智慧和自信，只有自信才会赢得别人的眼光，而不是凭借虚荣的外表。

青少年朋友需要谨记的一点是，不要把外表作为衡量一个人的标准，更不要把自己的外表当作他人唯一的关注点，适当地修饰无可厚非，但不能过分。修饰外表和物质上的追求永远比不上心灵的投资，你的美丽和帅气源自一颗自信而健康的心，而不是那些无谓的修饰。

自然才最美，贪图外表的华美不仅会给自己造成不必要的困扰，更有甚者还会弄巧成拙，不但掩饰不了缺点，还会将缺点更加放大。

第九节　不拿别人的错误来惩罚自己

•爱生气的小浩子

小浩子是家里唯一的男孩，上面有三个姐姐，小浩子很可爱也很调皮，小的时候也倍受大家的宠爱。因此，他也渐渐养成了任性的脾气，一点点不顺心就会心生怨气。

小浩子不生气的时候也很友好，而且显得很帅气，一双又粗又黑的眉毛，下面一对水灵灵的大眼睛，忽闪忽闪的很好看。鼻子也是挺挺的，小小的樱桃嘴，虽然有几分女孩子的秀气，但是笑起来还有一对小小的虎牙，毕竟还是个十几岁的小孩子，那样纯真无邪。家人对小浩子疼爱有加，百般呵护，也许就是这样，才养成了小浩子爱生气的性格。

奶奶比妈妈更有时间照顾他，每次奶奶都会将做好的饭菜端到小浩子的面前，生怕他多走一步路累坏了，饭热了小浩子会哭闹，饭凉了小浩子会大声叫喊；姐姐们回家了，小浩子会缠着她们和自己一起玩，只要不同意，他就会撅起小嘴生气地走开，好半天都不说话；爸妈也不能说他，不然他就会用自己的手揪打爸爸妈妈，然后一边说"你们不喜欢小浩子了，你们不喜欢小浩子了！"一边一把鼻涕一把眼泪地自己躲起来，爸爸妈妈本来就很疼爱小浩子，看见他这副模样更加不忍心了，后来便很少责怪他什么了。即使是做错了什么事情，也不会很严厉地教训，而代之以温和的语言，就这样小浩子还是不能接受，很容易就生气。最后谁都拿他没办法了。

小浩子生气的时候，眉头紧锁，那双大大的眼睛里透出怨恨，腮帮子还一鼓一鼓地呼着粗气，任何人都拿他没办法。

读初中的小浩子和同桌坐在一起时，总是会因为同桌不小心碰到了他而生气，甚至发怒，到后来谁也不愿意和他坐在一起了，老师无奈只好把小浩子安排在教室的一个角落里，可是小浩子觉得这是老师偏心，上课时除了鼓着腮帮子生气之外，什么也不听不做了，成绩也没有以前好了。时间长了，妈妈开始担心了，因为活泼好动的小浩子渐渐变得不再爱说话了，对很多事情都很敏感，常常别人一句无心的话，都会立即使小浩子脸色很难看并不再说话。

一直到高中毕业，小浩子在毕业照上留下的都是一张阴沉沉的脸和紧紧锁在一起的眉头。很多年以后，小浩子变成了大浩子，4年的大学校园生活让大浩子深深地体会到了什么才是真正的生气。可是那个时候，他已经不敢再生气了，因为他知道很多事情都是不能如己所愿的，假如所有的不顺心都要生气，或许他早就被气死了。

多年的社会经历也给了大浩子很深刻的教训，生气的人其实是在拿别人的过失来惩罚自己。整日活在别人制造的乌云下，而别人却在一边得意，真是自讨苦吃。同时，大浩子也明白了，以前自己总是和自己的家人生气，是不懂得家人的爱，其实也可以换种方式表达的。

青春心语坊

德国学者康德说："生气，是拿别人的错误来惩罚自己。"别人的一点点小过失就会引起你的不满情绪，别人只要有一点疏忽，你就觉得不舒服，一定要做出回击才好，这样的心理其实是不健康的。

人活在世上，不可能事事都顺心。哪怕在简单而短暂的一天中，也都避免不了一些看不过眼的事。比如别人不小心将你的钢笔碰掉在地上，如果对方道歉并弯腰帮你捡了起来，那就没必要生气了，即使他不给你捡，朝你歉意一笑，那也不至于生气，因为这个时候只有宽容才能让你立即心情愉悦起来。如果有人在背后诋毁你，说你的坏话，或许爱生气的人就会暴跳如雷，怒火中烧，而淡然的人就会一笑置之，任流言自己毁灭，他的生活和心情绝对不会因此而受到任何不好的影响，这就是区别。

那些爱生气的人不仅得不到快乐，而且也会因此而失去很多品味生活的机会。夫妻之间因为一点小事就吵架拌嘴，有的甚至还拳脚相加，本来好好的一顿饭，硬是变成了一顿"气饭"，吃不下了，因为你"气都被气饱了"。

生气还会让病情加重，有甚者还会被活活气死。当年周瑜不就是被诸葛亮给活活气死的吗？

另外，医学研究也证明，生气有害于健康，根据研究结果称，人在生气时呼出的物质是极其有害的，长此以往，不仅严重影响到健康，还会缩短寿命。如果要戒掉爱生气的毛病，就不要把自己看得过于重要，对于父母的批评和指责，能接受就接受，不能接受听听就过去了，何必和自己的父母生气？对他人有意或者无意的过错，只要不严重威胁到你的性命，何苦斤斤计较，自己再反过来伤害自己一次呢？

希望，每次快要生气的时候，就告诉自己"生气就是用别人的错误来惩罚自己，我不气，你的目的也别想达到"。有修养的、有度量的、有气质的人都不会这样愚蠢。

学习篇

青

少年目前还处在学习的重要阶段,应该将学习视为一种十分愉悦的事情,而不是一种负担,为此,培养学习兴趣是十分有必要的。那么,青少年朋友应该怎样看清自己的优点、正视自己的缺陷、准确给自己定位呢?在理想的面前,勇敢的、善于行动的人才能取得最终的成功,要怎样在日常生活中激发起自己的学习兴趣呢?

第一章　学点兴趣心理学

卢梭曾经说过:"我认为努力学习直到生命的最后一刻是件美好的事情。"而兴趣则是激发学习最有效的推动力。学习的兴趣是青少年在学习过程中所表现出来的一种爱好情趣以及十分专注和热衷的态度。青少年目前还处在学习的重要阶段,应该将学习视为一种十分愉悦的事情,而不是一种负担,为此,培养学习兴趣是十分有必要的。那么,青少年朋友应该怎样看清自己的优点、正视自己的缺陷、准确给自己定位呢?在理想的面前,勇敢的、善于行动的人才能取得最终的成功,要怎样在日常生活中激发起自己的学习兴趣呢?

第一节　寻找你的优点

实际上我们每个人都不是全能的,在一个方面弱,在另外一些方面就有所长,上帝在关闭一扇门的同时也会开启另外一扇窗。不要只看见一个小缺陷,就否定了自己的全部。

一生中,每个人的际遇都不一样,有鲜花掌声,也有冷嘲热讽,有崇拜赞美,也有恶语诋毁。当然,你本身也无法完美得一点缺陷也没有,这就是自古难全的最好证明。大凡成功人士都有一颗坚毅的心,这颗心不仅可以坦然接受"不全",还会将这"不全"化作前进的无限动力。就好比一个失明的人,在别人的眼里,很可能会认为在失明者的世界里生活已经是一片黑暗,痛不欲生,殊不知,对于已经失明的人来说,经历过一段时间的挣扎和悲痛之后，坦然接受了，失明便不再是他停止不前，甚至自暴自弃的借口了，反而会成为其前进的强大助推力。看不见眼前的世界，使他获得了一颗敏锐感知世界的心，那双耳朵也越来越灵敏，于是乎，他也会比其他人更加珍惜和感恩生活。

所以，请记住，不管贫贱美丑，健全或残疾，也不管是否全面发展，弱抑或强，如若上天赋予了你，这些就都不是你可以决定的，你唯一可以决定的就是打造怎样的一颗心，坚强还是软弱，全凭你自己。在不完美的自己身上寻找"完美点"，才能找到自信心，才能在生活的困境中一如既往地勇敢走下去，走出属于自己的精彩人生。

第二节　勇于挑战你的缺陷

• 只有一条腿的凯拉

19岁的凯拉在一次过马路的时候，被一辆从侧面过来的货车撞到了，虽然被及时送到了医院，但医生依旧宣布了一个很残酷的消息，凯拉必须截掉一条腿。

凯拉的心里始终装着一个梦想，他想成为一个可以驰骋在足球场上的足球运动员，可是现在，现实无情地夺走了他的一条腿，梦想几乎已经不可能实现了，痛苦万分的凯拉不吃不喝好多天。一天，他终于决定去拜师学艺，不顾家人的阻拦，那时爸爸已经在自己的单位为他找好了一份工作，只要凯拉前去上班，每天安静地坐着，打打字就可以很轻松地获得每个月的薪水。但是凯拉拒绝了，他想以自己的方式去实现最初的梦想。人生已经这样，他毫无改变的能力，未来只能靠自己去把握。

刚刚开始的时候，一切对于他来说都是艰难的，无数次，他的背部酸疼，他的手心被磨破，他的另一条腿变得麻木，巨大的身体上的疼痛让他有想要放弃的冲动，但是每次他都会战胜自己坚持下去，毕竟这条路是自己选择的。

也许命运是很奇特的，凯拉最终并没有成为足球运动员，却因为一次很偶然的机会，成为一名很出色的演说家。那次一个大学教授见到只有一条腿的凯拉满脸灿烂的笑容，一下子就被感染了，他觉得在这个人的身上一定有某种力量是常人所没有的。当时在教授的心里就浮现出了一个想法，他要请这个勇士去他的学校演讲，将这种精神分享给他可爱的学生们。凯拉刚开始时很犹豫，因为他实在不知道自己有什么可以说的，后来在教授的引导下，凯拉决定接受邀请。当他第一次站在大讲台上的时候，面前上千双眼睛都齐刷刷地盯着他和他的上半身。当时凯拉显然是脸红了，他意识到或许是大家对他的身体感到好奇吧，于是简单地做了自我介绍之后便讲述了自己的那段经历，以及怎样坚持着自己的梦想而拒绝了家人的安排，到如今自己又是怎样度过了一个又一个难关，从而真正从心理上克服了障碍，坦然接受了现实，并希望用自己的方式去实现梦想。

这一次的演讲很成功，同学们的反响很激烈，无数人从中受到了鼓舞。之后又陆续有高校邀请凯拉前去演讲，就这样，当凯拉每次看见台下那些热切的观众的眼神时，心里都充满了满足感，他的语言诙谐幽默，很具有启发性。

有时候他还会为了缓解气氛，故意做出一些很滑稽的动作来，他还将自己喜爱的足球带到了演讲台上，和同学们玩踢球比赛，凯拉的热情和乐观感染了在场的每一个人，越来越多的人知道了凯拉的人生，以及他那强大的敢于挑战自己缺陷的内心。

青春心语坊

失去了一条腿其实并不足够可怕，真正可怕的是从此都不能再"站起来"。凯拉失去了一条腿，却收获了一颗坚强、乐观、强大的心。如果他听从父母的安排，从此平平凡凡地过一生或者自暴自弃，认为一生也就这样了，没有了奋斗的勇气，那么可以说，凯拉现在依然一无所有，甚至是不是还可以很坚强地活着都是未知。

凯拉的缺陷是没有了一条腿，但是他却比任何人都活得快乐，原因就是他敢于面对并挑战只有一条腿的自己，并将它最终化作自己最大的优势。

生活永远都是公平的，只要相信就一定可以做到。消极地应对一切只会使情况越来越糟,与自己的目标越来越偏离,整日沉浸在痛苦里,对一切就都提不起兴趣了。因此,坦然接受自己的现实缺陷,敢于挑战自己,会距离成功越来越近。每个人生来就是一个宝藏,具有无法估量的潜能,如果不把自己逼到绝境,就很难发现原来自己也会这么优秀,因为人的大部分能力都是被逼出来的。

第三节　摆正你的位置

•学历其实并不是你唯一的出路

因因生性活泼好动,爱说爱笑,但就是不爱学习。不管妈妈怎么苦口婆心,因因依旧是"扶不起来的阿斗",爸爸妈妈也不再对她有"望女成凤"的期望。高中毕业之后,因因辍学了,待在家里面对母亲,她也有沮丧和失落,她也很想考上一所好大学,给父母的面子上增点光,但自己偏偏就不是读书这块料。在家的因因无所事事,没事的时候会将家里的旧衣服拿出来"瞎折腾",家里有一个妈妈用旧的缝纫机,因因就把那些不穿的旧衣服拆开,再用缝纫机重新拉线缝合,看上去很是新奇。但这并没有得到妈妈的赞美,反而更加增添了母亲对因因前程的担忧。

面对母亲,因因开始意识到,唯一可以使她获得安慰的,或许就是找到一份好点的工作。于是她决定去外地找舅舅,在那里找一份安定的工作。刚到那里时,因因自己在网上找,但是舅舅和她说,现在你连个像样的学历都没有,人家怎么会决定要你,还是自己到外面走走看看。因因听了一改平日在家里的娇气,不管烈日骄阳,还是风雨雷电,因因始终坚持每天出门走一圈,关注招聘信息。

一天,走在大街上的因因忽然看见一个小小的地摊,上面都是一些制作精巧的布艺品,各式各样,好看极了,因因忍不住走上前去。摊主是一个比因因稍微大点的女孩子,一番交流之后,因因才知道,原来这些东西都是她自己亲手制作的,暗暗佩服之余,因因就想真是遇到了一个同道中人,同时

60

也更加坚定了自己一直以来的梦想。

那天之后，因因就一直和那女孩保持着联系，自己也在家用小碎布做点东西，做好了就拿去给女孩卖，没想到的是，因因做的布艺品很受欢迎，很多人都来购买，其中不乏回头客和朋友介绍过来的人。这样，女孩的小摊位就越摆越大了，后来和因因经过一番讨论，两人决定一起开店，专门卖这些精致的布艺品。妈妈得知了因因在外地不错，还开了店，总算是放下了心。

青春心语坊

作为日本索尼公司的董事长盛田昭夫，他曾经写过一篇关于自己多年管理经验的一本书，书名叫《让学历见鬼去吧》。他在书中提到的非常重要的一点就是坚决杜绝以学历看人的传统观念。他认为，本公司应该把人事档案全部销毁处理，杜绝在学历上出现歧视和偏见。而更应该强调的是能力的大小。实际上，索尼公司也做到了这一点，在全公司上下万名员工中，科技成员有接近4000人，其中很多都不是名校出身。

在这个世界上，每个人都有所长有所短，如果可以正确摆放自己的位置，充分发挥自己的兴趣爱好和长处，而不是明明知道跟着大众的脚步将不会有结果还是要硬着头皮坚持。或许每个人从一出生开始就注定了自己的道路，每个人都拥有独特的能够体现生命价值的切入点，找对了，你将会成就一生。从上面的例子看来，不管是谁，也不管是在什么时候，看准自己的位置是非常重要的。不是每份学历都有它的价值，当你真的在获取学历的这条路上走不下去的时候，不妨静下心来好好想想，自己究竟该做什么，能做什么，哪里才是你发挥潜能的地方。只有依据现实给自己确定好一个准确的位置，青少年朋友才不至于因为成绩不够好而暗自苦恼，失去展现自己的信心。

第四节　有理想也要有行动

● "摄影师"的梦想

有一个年轻人，一直梦想着将来能成为一名摄影师，得到全世界所有人的称赞，可以收到很多很多的来信，作品不求得到全部人的喜爱，最起码将来当自己一命呜呼之后，在拍卖会上将会被拍到不可思议的高价，然后被收藏，并且百年之后仍然会有人在收藏，如此便不枉此生了。于是他几乎每天清晨都会在打开窗户的一瞬间呼吸清新的空气，然后告诉自己说："不灰心丧气，上帝一定会保佑你的。"于是，他穿上衣服和鞋子，登上自行车赶往附近的一家肯德基。这位年轻人是这家肯德基的服务生，做了一年多了，之前他在路边摆过小摊，在饭店做过外送员，也在一家公司上过班，但都因为种种原因没能坚持很长时间，这次在肯德基做服务生，相对来说算是工作时间比较长的一次了。

他每天第一件事就是打开窗户呼吸空气，然后祈祷自己距离梦想可以更近一步。两年之后，他已经不再做服务生了，而是转到一家不小的公司做起了销售，他十分勤奋，工作业绩也不错，为人毫不张扬，深得老板的喜欢，于是不久便被提升为销售部门总监。面对渐渐起色的事业，年轻人心里也很感谢上帝对自己的不薄。可是，闲下来的时候，他便开始想，既然上帝如此厚待我，那为何一直不让我实现我的梦想呢？

现在的他，距离"摄影师"的行业已经越来越远了，这条人生的路，他是走对了还是走错了？是不是该放弃，还是要坚持？想到这些，年轻人便满心纠结，在销售工作上的得意与自信也渐渐消失不见了，他只能面对着自己的无能和追逐不及的梦想而暗自叹息。于是他决定不再想了，既然现在的自己已经小有成就，那就干下去吧，或许是现在时机还不成熟，上帝觉得我还需要磨炼。

很多年过去了，年轻人已经不再年轻。如今，他拥有了当初所未曾料想到的富贵，资产千万，但是他的梦想早就被冲走了，不见了踪影。他也慢慢接受了生活的平淡，娶妻生子，过着很多人都梦寐以求的安稳日子。他临走的那天，抬眼看看妻子和儿子，再望望窗户，忽然想起了自己最初的梦想，那些每天呼吸新鲜空气的日子和为实现理想而许下的默默祈祷。然后老泪纵横，原来上帝是不公平的。这样想着，忽然有个声音说："虽然你终其一生都抱着这个梦想，但是我却从未看见你的实际行动。敢问你为自己买过摄像机吗？你拍过一张照片吗？"

这时，无限的悔恨充盈在胸膛，于是他转头对自己的儿子说："儿子，记住，不管你的梦想是什么，与现实有多大的差距，一定要为这个梦想而做事，而不是等到一切都好了才开始为梦想做准备。"

青春心语坊

行动永远比语言和想法来得现实，不是你想想，你想要的就会自动来找你。因此，有理想就要不断地去奋斗，而不是每天寄希望于祈祷。即便你默念一辈子，不行动，理想就永远都不可能成为现实。

故事中的年轻人是生活中很多人的缩影，有多少理想最终都变成了简单的想想，有多少美好的愿望都在现实的面前止了步，有多少伟大的梦越做越小，到最后被抛诸脑后？克雷洛夫曾经说过："现实是此岸，而理想是彼岸，他们中间隔着一条湍急的河流，如何才能由此岸过到彼岸，就是要靠那座行动的桥梁。"那些只是沉湎于理想的美好而不愿走那座险桥的人，是永远都无法到达彼岸的。

因此，青少年如果有自己的梦想，这是一件多么值得自豪的事啊！因为有梦想才有前进和努力的方向，有梦想才能不被现实轻易打倒，生命就一直是充满激情的。并不是每个人都会选择过桥，他们会将这份理想作为前进的精神支柱，心里想着我要朝着这个方向努力，可是实际上，自己所走的路已经渐渐偏离了，与梦想渐行渐远。不知道是现实太残酷，残酷到让你不得不选择远离，还是自己没有找到追逐梦想的路。

简单地说，一个人要是想实现自己的理想，就要去行动，因为行动才是最坚实的桥梁。

第五节　学会激发自己的兴趣

● 小菁的苦恼

小菁明年就要高考了。所谓高考改变人生，一个好的大学是每个家长和孩子都梦寐以求的。然而，原本学习成绩还算不错的小菁面对无休止的朗读背诵和作业，开始疯狂地想要逃避。上课时，她总是不能像以前一样静下心来认真听课，回家了也不想做作业、背单词，原本以为这样的情绪过一两天就好了，但是这样的状态一直持续了半个多月。妈妈见以往一回家就躲在屋里做作业的小菁最近总是闲散得不得了，有时候还慢慢腾腾地在电视机前晃悠，似乎都不知道自己想干吗似的。这种情况在妈妈看来是极为不正常的，几次找她谈话都失败了，因为小菁总是说不知道，就是不想看书，看了也看不进去。大约一个月过去了，小菁自己也开始着急了，面对这次月考，小菁一点信心都没有，甚至还产生"不考了"的念头。

其实最近班主任和其他的授课老师也看出了小菁的变化，课堂上，她喜欢东瞧瞧、西看看，有时候老师明明都已经讲到了下一页，她的课本还是留在原处，被老师叫起来回答问题，她的回答也是驴唇不对马嘴，让老师们很是失望。

小菁想必须要将自己的状态调整过来，否则肯定要被落下了。于是她开始每天逼着自己学习看书，可是效率很低。心急如焚的小菁将情况告诉了妈妈，然后又和班主任谈了谈。教学经验十分丰富的班主任听了小菁的一番诉说，一下子就明白了。其实小菁是由于压力过大而造成了比较典型的焦虑综合征，很多时候不想学，不知道学了有什么意义，有时候想学了，又学不进去。

找到了问题的关键所在，小菁开始按照老师的建议每天坚持制订相应的学习计划，并将自己原本为高考而学习的学习动机转变为阶段性学习目标，每完成一段学习目标小菁就给自己放假，好好地放松地玩上一天，这样，学习再也不是一块重重的包袱。当高考被分割成不同阶段的目标来分期完成，心理负担便被分散了。当然在这之前，小菁和家人一起去了一趟外地旅游，看了不少以前没有见过的事物，不仅增长了见识，心胸也因此开阔了很多。

青春心语坊

青少年学生的关键任务可以说就是学习知识，当对学习失去兴趣，或者是找不到学习动力时，不妨停下来，别急着前行，想办法重新激发起学习的动力和兴趣，从而才能最大限度地发挥出潜能来。

第六节 好习惯成就一生

● 那些成就一生的好习惯

有一家外资企业在招工，要求很是严格。那些学历高、能力强、身材外貌等都比较符合标准的应聘人员也是过五关斩六将，终于进入了最后一个环节。但奇怪的是，在这个关键时刻却没有任何提问和考试，面试主考官似乎也很忙，因为在短短十几分钟的面试时间里，他只有三分之一时间是在场的，而其他的时间，都由这些面试者自由活动。

殊不知，这其实是面试考官故意安排的，因为他要看看这些年轻的高学历者是否能够"慎独"。也就是说，当没有外人或关键人物在场时，自己是否有一套严格自律的好习惯。面试时间一结束，这些面试者均被宣布不予录取。众人目瞪口呆，在一片唏嘘声中各自离开。实际上，在面试主考官离开之后，屋内的摄像头是开着的，在另外一个房间，那些面试者的行为被看得清清楚楚。主考官离开不多久，就见一个人鬼鬼祟祟地向放着主考官面试资料的大讲台上走去，接着很多人也跟了上去，大家你一言我一语地说着什么，然后又不动声色地回到自己的座位上，窃窃私语起来。不久当主考官推开门的一瞬间，大家又都正襟危坐，面露凝重表情。

苏联教育家苏霍姆林斯基有一个好习惯：为了能够尽早开始他一天的工

谁说青春一定迷茫

作,苏霍姆林斯基每天清晨五点半起床,按时做早操,喝牛奶啃面包,然后就开始一天的工作,当他习惯了每天六点开始工作了之后,他又会将起床时间提前,这样的习惯几十年如一日,其间从未间断过。这位伟大的教育家几乎所有教育方面的书以及学术论文都是从早上五点到八点写成的,正是这些好习惯成就了这位举世闻名的教育家和心理学家。

华盛顿从小就很爱随身携带一本小册子《与人交谈和相处时必须遵守的文明礼貌规则110条》,从小到大养成的诚实习惯成就了这位美国历史上最令人尊敬的美德典范总统。在美国史上,他不仅是一个伟大的总统,也是一个伟大的人。

青春心语坊

我们从蹒跚学步到牙牙学语,甚至至今,所学的无非就是知识,不仅仅是课本上的,还有日常生活中凭借你的双眼观察并自己领悟到的,那些生活中必须要遵守的行为规则是每个人都要坚守的良好的行为规范,你在不知不觉中学会的,其实就是在学习一种好习惯。

纵观历史上那些卓有成就的大人物,大成就几乎都是与他们那些好的小习惯分不开的。美国著名作家马克·吐温为了能够写出一些脍炙人口的作品,他每天都坚持读书,清晨时分默读贴在墙上的名词佳句;文豪托尔斯泰一生都没有放弃体育运动,从而为他完成巨著打下了坚实的身体基础;即使是马克思在撰写《资本论》的时候还坚持每天演算数学题目,以便培养其逻辑思维能力;达尔文在做科研工作的时候,不忘观察大自然,这也为他积累大量的科研资料做好了储备……由此看来,一个人的习惯是构成一生不可缺少的一部分,有什么样的习惯,便会造就什么样的人生。

青少年养成好习惯的一个最重要的组成部分就是要养成一个好的学习习惯。怎样才能养成一个好的学习习惯呢?首先需要找到坏习惯及其根源所在,从根本上将坏习惯剔除,比如在学习上的拖拖拉拉,不抓紧时间,看重分数而非知识本身等;其次,要用好习惯来规范和约束自己,比如积极主动、精益求精、勤奋好学、不耻下问、珍惜时间、创新进取等;再次,就是要坚持不懈,将别人提醒的以及自己发现的不好的习惯改掉,将好的习惯实践于自身，这不是一天两天的事，而是要始终坚持，长年累月坚持下去，才能真正达到帮助你成就一生的目的；最后，要做到以上几点，还必须要有坚定的意志力作为基础。因为在这一过程中会有一段很难跨越的过渡时期，尤其是在初期，会出现很多不适应，也有一些意志力不坚定的人不能坚持下去，所以说坚强的意志力是基础。

　　播种一种好的习惯，便建立起一座好的人格城堡，一座好的人格城堡可以帮你完成一部好的命运史。即使你不能成为伟人，也是一个不平凡的人。

第二章　确立你的目标

作为不断进步的青少年朋友，前行是永不改变的使命，一个正确的、符合实际的目标将是前进路上的重要向导。那么，要如何确定你的人生目标呢？在向目标迈进的过程中，你是否会经常因为种种客观、主观的因素而放弃呢？当一个伟大的目标看不见实现的希望时，你是不是感到巨大的失败感呢？那么，在这里将会向青少年朋友们介绍一些实现目标的好方法。

第一节　目标是你前进的航标

●目标是你前进的航标

从一个青涩的少年，姚明已经成长为一个成熟的大男人，同时也是一位全球皆知的体坛巨星。他所取得的成就是没有人可以否定的，十几岁时就走进国家队，2008年开始在NBA里征战五年之久，一路走来，并不轻松，了解他的球迷大概都已经对他的经历熟记在心。而如此艰难的历程，他是凭借什么一步步走过来的呢？

答案其实就是，他有每个阶段不同的目标，是这些目标将他一步步引向成功的。

1997年，在全国第八届运动会上，上海东方队和八一火箭队对战。当时上海东方队刚刚崭露头角，羽翼还不是很丰满，实际上是无法与"八一王朝"

相抗衡的，刘玉栋、王治郅、阿的江狂风暴雨般的快攻反击面前，上海东方队不得不俯首称臣。可是姚明在这个时候闪现出了自己极大的亮点，不仅拿到了 13 分的好成绩，还狠狠地盖了王治郅两个大帽，正是这次的球赛为姚明迅速提升了自信心，并打牢了他坚实稳定的心理基础。

之后的两年时间，姚明始终都在不断地进行着磨炼。上海东方队最终在 CBA 1999－2000 赛季中打进了最后的总决赛，可还是位居八一火箭队之下，获得亚军。而在 CBA 2000－2001 赛季上整体情况已经开始发生了变化：第一场比赛中，上海东方队迎战八一火箭队，上海东方队输了，但比分已经相当地接近了。可见，上海东方队的水平还是在逐渐提高的。在 CBA 2000－2001 赛季的尾声阶段，姚明告诉队里的每个人，上海东方队会赢得来年的冠军，这也是他为自己定下的目标。

CBA 2001－2002 赛季在姚明的期待与坚定的信念中开始了。2002 年 4 月 20 日夜晚，CBA 的比赛已经进入最为关键的一个阶段。作为八一火箭队的"中投王"，刘玉栋举起双臂投出一个三分球，应声入网，比分为 122 比 121，这时候八一火箭队领先上海东方队 1 分，距离总决赛第四战只剩 7.9 秒的时间。李秋平教练连忙叫停比赛，经过一番布阵后，比赛重新开始。上海东方队的大卫·本沃在右侧圈顶拿到球，可是八一火箭队的陈可在盯防，只见他将球传到底线的姚明手中，姚明遭到两人夹击被迫强行出手，球最终弹筐而出，本沃补篮，依然不进，而这个时候，只见斯蒂文·哈特凌空飞起，单手一点，篮球落入网中，上海东方队终于取得了胜利。就这样，姚明带领着上海东方队最终登上了 CBA 冠军的宝座。

青春心语坊

或许很多人会说，姚明，包括那些成功的明星多半靠的是运气、机遇，可是就算运气再好，机遇再多，不努力或没有目标也一样不可能取得成功。一个目标就像是一盏暗夜里的明灯，为你照亮前进的道路，它不仅给你指引方向，还为你不断的努力和坚持提供精神保障和健康向上的心理。

不管是青少年，还是刚刚步入社会的毕业生，都会在学校和工作中遇到这样那样的问题，总觉得眼下所做的事并不适合自己，也是每天浑浑噩噩，不思进取，长时间下来往往已经对自己失去了自信心，不明白自己究竟该做些什么，这都是因为在他们的内心始终都缺乏一个明确的目标所致。卡耐基说：目标就是成功的起点，是成功者的指南针。目标对任何一个人来说都是极为重要的，尤其是一个为自己量身定制的目标，在前进的路上所起到的作用是不可估量的。

目标有大也有小，一个大的目标其实可以由无数个小的目标组合而成。前进的过程中，要准备衡量各个不同的小目标的价值，值得你付出多少的精力去完成，避免出现负面甚至阻碍的作用。同时也要持之以恒地坚持和适当地放弃，将目标作为每天进步的强大精神支撑，充分发挥自身的能力优势，这样才能距离伟大的目标越来越近。当你对所做的事情已经胸有成竹，便会觉得前方的路一片敞亮。

第二节　从今天起行动起来

●奥斯勒爵士的讲演

美国医学史上最有名的约翰霍普金斯医学院是由奥斯勒爵士创建的。很多年之后，当他在耶鲁大学给学生们做讲演时说，让他记忆犹新的一件事是，多年之前他看到一句话：我们的首要之务，其实不是遥望模糊的远方，而是专心处理好眼前的事物。他觉得，这并非完全正确，却在关键时刻提醒了他要活在当下。他坦言，自己其实并不是资质出众的人，而恰恰是众多相对平庸者中的一员，之所以有今天的成绩，是因为他知道了怎样朝着自己的目标一步步迈进，也正是那句话给了他关键性的提醒。

在这次演说之前，奥斯勒爵士曾坐船横渡大西洋，旅途中，他注意到船长室的一个按钮，只要一按下，就会使所有的船舱立即封闭起来，以此来隔绝水的侵入。他由此得出启发，"在座的每一位其实都是比轮船更为紧密的个体，并且都各自拥有更为遥远的航程，我建议并督促各位在今后的航行中一定要确保方向的准确性和航程的安全性，因此务必要学会活在今天，活在当下"。他认为，按钮是人的意志的启动器，一旦按下，就要坚决与已经逝去的过往诀别，再次按下，可与不可知的未来做隔绝，只专心地活在今天。而活在今天，其实就是要从今天做起，忘记曾经的一切，因为那都已经过去，为未来的明天做好准备，因为今天的一切努力都是在为明天做储备。将你所有的能力与智慧、热情与动力、理想与实力都投入在今天。

青春心语坊

人生旅程是多么的奇妙啊，小孩子总是会说"等我长大了，我一定要……""明天开始我一定要……"大人们也会说"等这件事结束后，我会处理……""看看情况再决定吧，不知道今天有没有时间……"单身时说"等我结婚了，我一定会……"恋爱时会说"早知道，我就不……"中年人说"等我哪天退休了再……"这些看似随口说出的话语，其实都是人们共同的心理特征的体现：总是活在计划或过去中。

似乎很多人都已经习惯将今天所想到的事情推迟到明天或者更久的以后，到了明天或以后呢？可能又会因为种种原因一拖再拖，到最后，不仅什么也没做成，反而给自己留下了遗憾。试想，有没有那么一些时候，你在心里盘算着，等我工作拿到第一笔工资的时候，一定要给妈妈买一条丝巾，可是拿到工资的时候，你交了房租、水电费、卫生费，所剩寥寥无几。于是你又想：下次吧，下次一定给妈妈买。结果一次又一次，假如你一直这样拖延下去，我敢保证，总有一天，你会为自己的做法懊悔不已。

实际上，不管做什么事都一样，当你给自己制订了一个学习计划，决心按照计划来学习。可是第一天你便遇到了困难——一部精彩的电视剧打乱了你的计划，你被吸引了，于是你边看边在心里做自我安慰：今天是第一天，算了，从明天开始我一定好好执行计划。可是"明日复明日，明日何其多"，等到明天，也许有更加吸引你的事情发生呢？你应该还是会告诉自己说：明天我一定会好好执行计划的。到最后，一个多月都过去了，计划早就被你抛在了九霄云外。

所以说，青少年在学习和成长的过程中，不仅仅要明确自己的目标是什么，还要为这个目标而做出实际的行动来，否则，目标就永远只是目标，永

71

谁说青春一定迷茫

远都不可能成为现实。从今天做起，从眼下做起，再也不要说那句"等明天……"

第三节　寻找事半功倍的方法

● 当55站变成5站

　　海利是一家报社的外景特派记者，她的愿望就是成为电视台的主播，成为电台的台柱子。可是现在的她还是一名小小的记者，而且最近她又因为一些客观因素，即将面临失业的危机。于是，忧心忡忡的海利根本无心再工作。一天，她索性丢下手边的工作，来到大街上随意游荡。当她漫无目的地游走在大街上时，她发现很多人都行色匆匆，一个劲地向前走，好像前方有一块磁石在吸引着他们一样。海利已经无心再想，因为此刻的她已经开始怀疑自己的能力，自己究竟是不是这块料啊，为什么美丽的梦想总是要距离自己这样遥远……

　　偶然间一抬头，海利的目光落在了一个蓝色的站牌上，上面赫然写着"步行街8号"，海利想起来了，这条路正好通往好友米拉的公寓。可是米拉的住处距离这里足足有55站呢！海利此刻多想让乐观开朗的米拉给自己说个开心的故事啊，很想念米拉爽朗的笑声，或许那笑声会洗去她所有的忧愁。于是海利决定去找米拉，不是坐公交（因为她现在身上什么都没有），而是徒步。

　　在不远的街口，海利一眼就认出了好朋友米拉，正在超市的门口闲逛。"嗨，米拉，我正想去找你呢。"海利走上前去和米拉打招呼，米拉看看海利，没有立即和她说话。"你很忙吗？"海利又问，"你有什么事吧，眼睛红红的。"这时，米拉已经开始和海利往回走，"我们走着去我家吧。"海利没想到这么远米拉竟然也要步行。

　　"这么远的路，如果我没记错的话，一共55站呢吧，我们走着回去吗？"

　　"哪有55站啊？只有5站而已。"米拉神秘地笑了。

"5站？"海利很不解。

"但是我说的不是我的家，而是那家冰淇淋店。"米拉知道海利最喜欢吃的就是冰淇淋了。

一路上，米拉说说笑笑，海利就跟着米拉一直走，在笑声中，她们很快就到了。米拉请海利吃了一支抹茶雪糕，然后两人又继续往前走。

不久又走过了5站，米拉拉着海利的手，另外一只手一直拿着刚才在超市买的食品。到了电影院门口，米拉说："或许我得进去给儿子买这周末的电影票，我临出门前他还特意交代我呢。"于是海利和米拉一起去买电影票，米拉说了很多关于小儿子的趣事，海利跟着一个劲地笑着。很快她们又开始往前走，就这样，一个又一个5站被她们留在身后，米拉的家也越来越近了，当到达目的地的时候，海利回头看看那条长长的路，觉得不可思议，但是她和米拉还是走回来了，不是吗？

海利忽然明白了什么，笑着对米拉说："谢谢你，我终于想通了。"

青春心语坊

当一个目标很遥远很宏大的时候，你不可能一下子就实现它，看似遥远而难以达到的目标，其实只要把它分割成几个比较容易实现的小目标，一步步分阶段进行，一点一点地加以完成，那么总有一天它们会成就一个大的目标。知道前方道路的方向，知道你下一步该往哪里走，知道你的人生航向，就算目标和梦想再遥远，也一定有达到的一天。

上面的故事中，海利显然是对自己的梦想产生了怀疑，当米拉将长长的55站变成一个又一个5站，那遥远的路程也变成了一段段小小的站，走完一站就距离米粒的家更近一步。其实我们的梦想也是一样，需要脚踏实地地一步一步地走，一点一点地去完成。只有规划好，才会比别人走得更远。

制订目标是为了实现，那怎样做才能保证目标的顺利实现呢？

第一，将制订好的目标坚决予以实施，带着一种不达目的不善罢甘休的心态，不轻易放弃，并按照计划严格执行；第二，就是要了解你目前所具备的能力和资源，包括完成这份计划所缺乏的条件，自己的能力和个性特征、环境支持情况等，越是详细的信息就越好；第三，要好好分析总结经验教训，回顾以往自己成功或失败的原因，这样才更加有利于纠正误区，把握更好的方向；第四，仔细分析你不能立即实现目标的原因是什么，知道了究竟是什么原因阻碍了你的前进，才能在时机成熟时努力去实现这个目标；第五，要全心全意将你的计划付诸行动。一份好的心情，一个好的环境，都会为你实现小目标提供不可缺少的条件。

第四节　保持检查进度的习惯

• 完不成的作业

　　有这样一个寓言故事，传说在森林里有一群动物，狮子是大王，他命令老虎做宰相，专门负责监督动物王国大臣们的日常生活琐事，另外，由狐狸担任狩猎队的管理者，由猴子负责管理筹集过冬食物，并带领自家的家族成员收割玉米、大豆、高粱等杂谷，大象是专门砍伐树木的，用来搭建用来过冬的房屋。这是为暴风雪来临做好必要的准备，其他的一些动物，狮子大王也都安排好了它们相应的工作。

　　这样一安排，大王就觉得原本很复杂的事情现在变得清晰了很多。只要大家都按照预先安排好的去做，今年的冬天，大伙一定会过得很安稳。

　　执行任务的当天，狮子大王忽然很想下棋，虽然坚持了一会儿，可还是心神不宁，于是他命令执勤的斑马说："你去把老虎叫来，我想和他下棋了。"斑马知道今天是要执行任务的，于是很小心地对大王说："大王，您是不是忘记了，老虎已经被您派去监督百官的工作了呀？""混账！到底是我的开心重要，还是大伙的工作重要！"没想到狮子大王竟然发怒了。斑马不敢再说什么了，只有乖乖地去找老虎。这边的老虎早就不想监督什么了，听见斑马的传话，开心得不得了，立即就起身和斑马一起去见狮子了。

　　百官见监督员老虎一走，工作也就变得更加松懈了，猴子心里盘算：过冬的食物其实不用那么着急，还早着，我何不趁现在好好休息？这样一想，猴子以及家族成员们都不再工作了；狐狸自从接受任务之后就一直躲在家里不肯出门，现在听说老虎走了，高兴地到处游玩去了；大象也是，它觉得：反正再过几天做也不会晚。就这样，大伙都放下了手里的活计。没过几天，一场突如其来的大雨将玉米和高粱打落在地，潮湿的空气让它们渐渐霉变。冬天也在这场大雨之后紧跟而来，来得大家措手不及，紧接着一场大雪将严寒彻底带到了动物王国。老虎着急了，前来向狮子大王禀告，狮子见老虎神色慌张，不禁发问为何，老虎如实说："没有粮草供应了，吃肉的大臣们已经断肉三天，吃素的大臣们也已经没吃没喝好几天了，就连平时只吃水果的大臣们也不得不饿着肚子。"狮子大王一听，急了，"你们不是一早就准备好了么，早在秋季的时候，你们各自的任务我都做好了安排，你们都干吗去了？"狮子愤怒地瞪大了眼睛。可是一想，那次要不是自己一时贪玩，把负责监督的老虎叫走，或许大家都不会落得今天的下场。

青春心语坊

的确如此，狮子大王制订的计划是需要大家配合才能完成的，如果有谁不听派遣，不执行任务，就会影响到整个计划的质量。虽然上文只是一个寓言故事，但是它却可以在另一个层面上反映出现实生活中普遍存在的现象：任何再伟大的目标，没有严格的执行和监督都是一纸空文。

如果将狮子大王布置的任务比作我们在现实生活中制订的目标，那么各个小动物的任务就是我们为了实现大目标而制订出来的小目标。上一节，已经简单介绍了怎样将各个小目标顺利地付诸实践，但是往往在开始时因新鲜感而努力实行，可是时间一长，就难免缺少了坚持的毅力。因为每个人都有天生的懒惰心理，当失去兴趣和动力的时候就会偷懒，甚至是索性放弃。因此，要想按质按量地完成计划，有必要为自己建立一套监督评估体系，时刻用来监督和评估你的目标完成情况。在这个过程中，切忌好高骛远，一直以为还有明天，可是有多少明天能让你这样挥霍呢？坚持的力量是巨大的，既然开始了就好好努力下去，不久你就会看见令你欣喜的结果，不要害怕过程的孤单和辛苦，如果没有孤单和辛苦，你怎么能品尝得到收获时的喜悦和甜美呢？

作为青少年，坚持尤其重要，因为现在的你几乎还没有足够的基础，将来进入社会，你们将会面临更多的磨难和考验。如果总是不能坚持自己的目标一直走下去，那将永远不会成功。

心态篇

作为青少年，情绪总是如影随形，一方面乐观开朗，激情四溢；一方面悲观消极，一方面内敛含蓄，一方面又冲动易怒。同时，青少年的情绪波动也会受到个体差异、环境差异以及家庭背景的影响，只有找准适当的缓解方法，才能减少或避免情绪的影响。不要在喜悦时做出承诺，不要在愤怒时下决定，不要在忧伤时给出答案，不要在今天追悔过往。

第一章　管理好你的情绪

情绪的产生是不由人自身控制的，但是，当情绪出现的时候，我们可以进行有力的控制。之所以要学会管理好情绪，是因为情绪的影响力极大，好的情绪能够使人感受到生活的美好，而坏的情绪则会把人拉进无限痛苦的深渊。青少年在面对情绪的困扰时，要从哪些方面管理好自己的情绪呢？一个喜欢生气的人要如何控制情绪呢？到底怎样的心态才能有效控制情绪？面对情绪的波动，怎样进行调节呢？生活中，如果你是一个容易被烦恼左右的人，那么，要如何摆脱情绪的困扰呢？一个好的情绪要如何养成、如何保持呢？

第一节　掩饰好情绪你就是一个成功者

●你可以做得更好

历数史上那些成功人士以及他们各种不同的性格特征，也许很多人都会感叹，真是性格决定命运啊！可是有多少人知道，并不是每一个成功的人都有一套完美的性格，他们也有弱点，而不同的是，他们会在关键场合提醒自己：你可以做得更好。于是用十分平静的外表掩盖了波澜起伏的内心。

曾在英国首相竞选席上接受记者采访的伊恩·邓肯·史密斯，在极度紧张的状态下，面露腼腆和慌张，当记者问："您觉得您会出任下届首相吗？"作为英国反对党领袖，他犹豫了一秒钟，然后结结巴巴地说："我，是的，我，我认为我可以。"之后，在镜头特写下，人们还在他的脑门上发现了一颗

谁说青春一定迷茫

汗珠。紧接着,电视台就接到很多观众的来电以及电子邮件,大家纷纷宣称,连说话都会紧张成这样的人,如何相信他可以胜任国家首相!还有人说,他这样看起来根本就不像是一个首相,难道我们就没有别的选择了吗?

人们总是愿意相信那些看起来更有信心的人,哪怕那种信心也是假装出来的。因此,因为紧张而落选的竞选人大有人在。那些即使心里紧张,却会很好地做好掩饰的人,往往更容易得到别人的信任。工党领袖托尼·布莱尔就是一个例子,为什么他看上去总是一副随和自然的样子?如沐春风,满脸笑容,身体里散发出一种稳重的、可信任的朝气和力量,只有这样的人才能轻而易举地赢得旁人的好感和信任,大家才会相信他做什么成什么,更有领袖风范。结果,即使大多数的英国选民并不支持工党,但是他们还是很愿意将选票投给工党领袖托尼·布莱尔。

在竞选中,无疑每个人都会有或多或少的紧张,为什么有些人看上去那么镇定,而有些人却显得如此慌乱呢?就像你作为班长候选人之一,当老师发起全班投票,并规定投票多的人会胜任班长一职。相信你会紧张,除非你一点都不在乎结果。这个时候,如果排除个人主观偏见,通常那个看起来更加有能力的人将会取胜,而想要让大家相信你更加有这个能力,就不能表现得畏畏缩缩、紧张得不得了,骨子里根本就没有那种身为班长所应该具有的魄力。你完全可以和自己说:你可以做得更好!用平静而具有内涵的外表证明你会做得更好。

青春心语坊

实际上在不同的场合、不同的环境,紧张的情绪谁都会有。不仅仅是紧张的情绪,包括愤怒、忧郁、焦急、失意、不满、嫉妒等,面临心理上的情绪波动,不是谁都可以做好管理工作的。很多青少年朋友在面对一次次考试的时候,虽然已经是"身经百战",但是依旧不能彻底克服紧张的心理情绪。在生活中,谁都避免不了情绪的困扰,有人将这类情绪称之为耗损性情绪,它不仅在一定程度上损耗我们的能量,还会阻碍我们对生活本身的体会,产生一些消极的负面因素。而作为青少年,情绪总是如影随形,一方面乐观开朗,激情四溢;一方面悲观消极,一方面内敛含蓄,一方面又冲动易怒。同时，青少年的情绪波动也会受到个体差异、环境差异以及家庭背景的影响，只有找准适当的缓解方法，才能减少或避免情绪的影响。

那么，青少年朋友应该运用哪些方式来减轻这种情绪的困扰呢？

首先很重要的一点就是要克服自卑。相信自己就是最优秀的，你已经做好了充分的准备，对于眼前的事情，你已经将最好的自己呈现出来了，不必为未知的结果而惶惶不安，你只需要做好眼下的事情，否则就会因过度担忧而错失好好表现自己的机会。

再则就是采用一些有效的方式，比如远眺，将视线投向远处，扩张视野的范围，心境也会变得更加开阔；你也可以多做运动，据心理学家研究显示，身体姿势的转变对于心境的改变具有很大的推动作用。

另外，建立广泛的兴趣爱好，找点娱乐性的节目或游戏放松心境，也不失为一种很不错的调节方式。

第二节　放开多余的包袱

• 生死的抉择

两个徒步旅行的冒险家，经历过千山万水，虽然路途遥远，中间几度缺水少食都坚强地活了下来，眼看就要到达他们最后的目的地，却在关键时刻发生了意外。

他们在攀爬一个悬崖时，其中一个人不慎坠落，说时迟那时快，他机灵地抓住了旁边的一根树枝，这才化险为夷。可是树枝只是让他暂时掉不下去，他的身体还在半空中悬挂着。他吓得浑身冒汗，一路上无数的危险都闯过去了，可是这一回他感到绝望，树枝那么细，眼看就要支撑不住了。想到之前还在和同伴计划着回去后要做的事情，他想着，家里的妻子还在等着他回去，两岁的女儿还需要他的怀抱，他让同伴给他拍的英勇的照片还要带回去给女儿看呢，他想让女儿知道自己有个多么威武的父亲……想着想着，不觉身体又下沉了一点，这个时候同伴朝他喊："快，把你的另外一只手递给我！"他

谁说青春一定迷茫

刚要伸出手去就感觉身子很沉，原来他的背上有一只很大的旅行包，这可怎么办！同伴说："来，我抓住你的手，你把另一只手松开，然后将背上的包丢掉，这样才能减轻你的重量。"这人一听，犹豫起来：包里还装着他为妻子准备的礼物，还有要带回去给女儿看的照片，还有回去路上必备的装备。"不，不能把包丢了！"而正当同伴要再次劝他的时候，只听树枝啪的一声响，连同冒险家的惊呼声，同伴眼睁睁地看着他跌落悬崖。

青春心语坊

冒险家为什么不愿丢开背包呢？因为包里有他认为可贵的财富，为什么可贵？是因为这些是他对生活的留恋和对家人的牵挂。在危及生命的关键时刻，不舍得放弃包袱，就得用生命做交换。我们的情绪也是一样，当心情不好的时候，有必要检查一番，然后及时合理地将不必要的垃圾加以清理，减轻负重，生命才能轻装前行。

每个人的背后都有一个背包，轻重不一，里面盛装的东西也不一样，当然重要程度也不一样。太重的背包势必会影响到前进，太轻也会失去必要的动力。在前行的路上，每个人也都会为幸福而开心掉泪，为悲伤而痛哭不止，为好不容易得来的成就而沾沾自喜，为突然的打击而失落惶恐……我想，这就是情绪了吧，那些可以让你幸福、忧伤、快乐、悲伤、委屈、甜蜜的东西其实都装在你的包包里，你无时无刻不在和这个包包一起行走。当有一天，你陷入险境，遭遇情绪的消极攻击，千万记得要及时清理你的包包，哪怕里面有再珍贵的东西，比如幸福、快乐，也要舍得丢弃。我们为什么会悲观失意，就是因为消极的东西太多了，多过积极，想要从消极的情绪中解脱出来，不受消极情绪的支配，就要放下包袱，好好检视，清理为你造成困扰的垃圾。要狠下心来，这样才能应对自如，抛开坏情绪。

第三节　小事不生气

● 爱生气的妇人

相传有一个妇人，经常为一点小事生气，和丈夫经常拌嘴，和朋友、亲戚、朋友的关系也不是很好。大家都知道她是一个很爱生气的人，时间长了就不愿与她接触了。虽然她也知道是自己爱生气爱发怒的脾气让大家敬而远之，可是无论如何，妇人始终都改不了。开始时，她会生气，然后闷闷不乐，接着便越来越气，随即便是一发不可收拾地爆发。

后来她听说在不远处的庙宇里有一个德高望重的和尚，于是决定去请教这位高僧。和尚听了妇人的叙述，笑着说："你跟我来。"妇人跟着和尚来到一个小小的柴房门口，跟着和尚进去了，可是和尚一个转身就把妇人锁到柴房里面去了。妇人见状很生气，连声骂起来："发神经啊，干吗把我锁起来，快放我出去！放我出去……"

一段时间之后，骂声和怒斥声还是在继续着，和尚并不理会。不久，骂声变成哀求声，"求求你放我出去吧，我回家还要给丈夫做饭呢"。可是和尚还是假装没听见。又过了一段时间，妇人不再骂也不再祈求，柴房里什么声音也没有了。和尚走过去问："你还生气吗？"只听妇人说："我只是在生自己的气，怎么会来这个鬼地方。"和尚听了，转身离去。没多久，和尚又来了，问："现在还生气吗？"妇人说："不生气了。""为什么？""因为气也没用。""你的气还是没有消失，随时都有可能爆发。"说完，和尚又走了。

过不久，当和尚第三次来到柴房的门前时，妇人急忙说："我现在真的不气了，因为我知道这是不值得生气的。"

"不值得气？看来在你的心里还是存在气与不气的衡量标准。"说完又走了。

直到傍晚时分，妇人已经没有力气再做任何争执了，只是这个时候她忽然想不明白一个问题："到底什么是气？"

和尚站在门外不言语，只把一壶茶水洒在了地上。妇人在门缝里看了很久很久，然后她说："大师，我明白了。"和尚打开门，允许妇人回家了。

那次以后，妇人像变了一个人似的，不仅周围的人感觉到了她的变化，同时她的心情也比之前好了很多。

青春心语坊

爱生气的人一般都是在周围的人或事物上有比较鲜明的自己的见解，一旦情况不如自己想象的，就会产生不满的情绪，他们多半是因为内心的不满无处排解，瘀堵在心。而反过来很多人也会说："他要是……我还会生气吗？""我气的是……并不是……"这样看来，生气并不是没有原因的，但是当你了解了自己生气的真正缘由的时候，何不大方一笑？反问自己"为什么要生气呢？"气实际上就是从别人嘴里吐出的东西，何苦接到自己嘴里，让自己恶心反胃呢？如果你不在意，它就像是空气，像是洒在地上的茶水，不久就消失不见了。妇人到底明白了什么？就是这个道理。

青少年阶段是易怒易冲动的时期，为生活中一些小事而生气的也不少，大家必须要学会怎样处理因生气而造成的情绪波动。

第一，努力做个心胸宽广的人。俗话说，心有多大，舞台就有多大。正是这个道理，当你以开阔的心境去看待一些事情的时候，就会觉得一切也不过如此，生活中的琐事那么多，你在乎得了全部吗？退一步海阔天空，不在小事上纠缠，你就是一个快乐并被友爱时刻包围着的人。

第二，时刻保持冷静和理智。不管遇见什么事情，当你以一个冷静的旁观者的姿态去观察的时候，就会觉得其实这些都是微不足道的。冷静地、理智地面对和处理情绪上的波动，也是一个人成熟的表现。

第三，善于排解。情绪每个人都有，坏情绪也会偶尔冲破你的防线，来到你的身边，那么这个时候最好是寻找到一个合适的排解出口。

最后，加强自我素质的提升。一个人性格上的易暴易怒易生气是缺乏修养的一个体现，假如你做不到上述所说的，那么，就要及时进行修养提升了，青少年在这一方面尤其需要加以重视。

第四节　要有正确的发泄方式

•情绪需要一个合理的发泄方式

阳阳今天上午被老师罚站了，原因是家庭作业没有按时完成。这天放学回家，阳阳决定要好好地将作业完成，然后把昨天没完成的作业补上。这时，在另一间屋子里看书的妹妹忽然推门进来，说阳阳拿了她储蓄罐里的钱。阳阳见妹妹直接推门而进，打扰了他写作业，心里很不高兴，加上妹妹又诬陷他偷钱的事，于是兄妹俩你一句我一句地争吵起来，其间阳阳一不小心碰到了妹妹的额头，没想到很快就鼓出一个包，妹妹疼得大哭起来。不久，爸爸妈妈回来了，见妹妹蹲在地上哭，追问清楚情况之后，爸爸将阳阳训斥了一顿，妈妈还哄着妹妹，阳阳觉得心里特憋屈，很生气，但是又不知道该怎么发泄，根本就没心思再写作业了。十几分钟后，阳阳从屋子里跑出来进了厨房，拿起妈妈切菜用的刀，一个狠劲下去，鲜血从阳阳的左臂上涌出来，同时他也发出了一声惨叫。爸妈闻声赶来，发现阳阳已经瘫在地上。

妈妈见状哭昏了过去，爸爸则抱起阳阳就往外跑，边跑边喊救命。当阳阳被送进医院时，已经处于昏迷状态，还好抢救及时，这才保住了阳阳的性命。

当人们得知阳阳的事情后，都觉得很意外，这么小的孩子怎么会这么生气，还做出这样惊人的举动来。不过在医生及时的手术和护士周到的照顾下，阳阳康复得很快。妈妈看着躺在病床上的阳阳，也不敢过多地责备他，但阳阳自己也觉得当时太冲动了，他说他只是觉得很气愤很委屈，想要发泄心中的不满和怨恨，什么都没想就做出了傻事。

青春心语坊

任何人都避免不了情绪的纠结，它就像是一个随时都可以来纠缠你的魔鬼，一旦被缠上就很难摆脱，这个时候就需要你有一个合理的处理方式，既可以很有效地赶跑它，还能很好地保护好自己。这个故事中的阳阳本来是一个很乐观开朗的孩子，但是当遭遇不良情绪的时候，却因一时冲动而走向了极端。

情绪像感冒，会传染，也会接力，一件事情的不顺利，会导致坏情绪的产生，而当这种坏情绪没有得到及时的排解，很有可能就会以接下来的事情为排遣的出口，将情绪传染给更多的人和事。青少年要学会乐观豁达地看待一些事情，很多时候，只是你自己把自己给气到了，因为或许事情并非你认为的那个样子，你觉得爸爸妈妈不疼你了，处处都责怪你，你觉得委屈，深深的怨气吞噬了你的理智，你需要排解，却将自己推向了极端。这是不可取并且是万万不可上演的剧目。

人生因豁达而美好，不被情绪牵绊，做最好的自己，就是对生活最大的满足。曾经有位作家说过："为小事而生气的人，生命是短促的。"的确如此，它伤害的其实不仅仅是身体的健康，还有心理的健康。试想那些整天被情绪折磨的人，怎么能够快乐地生活？怎么能够以一颗积极向上的心态来平静地看待事物？这样的生命是经不起暴风骤雨的洗礼的。

那么，青少年要怎样避免怨气以及合理调节好情绪呢？

首先，不可以妄加推测他人的内心。别人对你的评价，一般情况下，你是很难得知的，除非他很诚实地告诉了你，否则，再有根据的推测也是不够准确的。我们要相信该相信的人，用一颗平常心去看待周围的人与事，别把小事放大，别以为很多人都在找你茬，都在批判你，其实大家都很忙，就像你有的时候忙起来没有空去关注别人一样。

其次，要善待每一个人，包括攻击你的人。生活的路这么长，这么宽，你可以保证每一个人都对你疼爱有加吗？不可能，就像你不能保证每时每刻都开心幸福一样。情绪是个不速之客，来了你赶都赶不走，只要你以合适的方式"招待"它，不久它就会消失不见；否则只会纠缠不休，愈演愈烈。

再次，要拥有一颗宽宏大量的心。对自己的期望宽容，对别人的过失宽容，对眼前办不到的事情宽容……一颗宽宏大量的心可以包容万物，你还担心它包容不了他人的过错吗？

最后，也是最重要的一点，当你发现自己的情绪需要发泄的时候，千万要选对方式，转移注意力、运动甚至是大声地哭泣、叫喊几声都是可以的，但自残的做法是十分不可取的，如果一点委屈都忍受不了，遭受一点不顺就开始轻生，那么以后长长的人生之路还怎么走下去呢？

第五节　情绪也讲原则

● 情绪是可以被控制的

晖芫在读初中，是家里唯一的孩子，父母对他也疼爱有加，在他们眼里晖芫是个很懂事的孩子。但是最近一段时间，晖芫发现自己变得急躁起来，甚至有暴怒的倾向。在班里从来不和同学吵架的他，前天居然因为一件小事和同桌大打出手，为此还被老师当众批评并罚站了两节课。其实这些回过头来想想，都是一些微不足道的小事，根本就没必要影响彼此原本和谐的关系。

这不，今天晚上，晖芫又因为妈妈的一句话开始怄气，好好一场谈话，被他一声怒喝，气氛变得十分紧张。妈妈被气得直掉眼泪，爸爸忍不住上前给了他一巴掌，晖芫更加委屈了，于是将自己反锁在屋子里不肯出门。爸妈也觉得，平时的晖芫是不会这样的，不知道是不是遇到什么事情了。爸爸好心敲门问他，没想到晖芫仍旧不理会。

傍晚的时候，晖芫自己打开了房门，见妈妈正在厨房准备晚饭，原本晖芫就已经意识到自己的不对，这时候看见这般场景，心里就更加难受了。他很自责很后悔，为什么自己会变成这样？晚上吃饭的时候，晖芫开口和妈妈道歉，并对爸爸说自己最近情绪总是不稳定，很多时候自己也觉得不好，可就是控制不住。对于儿子这番"自我检讨"式的述说，爸爸一方面觉得很窝心，一方面他也更加确信儿子是受到什么事情的影响，自己无法调节。

后来，父母根据晖芫自己的说法，以及通过班主任的了解，他们终于弄清楚了原因。原来，再过两个星期就期末考试了，晖芫的英语成绩总是提不上去，他上个学期向父母保证过，这个学期一定要挤进班级前三名。大致了

谁说青春一定迷茫

解了原因之后，爸爸再次找晖芫谈话，告诉他，其实父母看中的并不是名次，而是进步以及进步的空间有多大，并希望晖芫放下不必要的负担，轻装上阵，不要被压力影响了情绪，影响了学习和人际交往。这样不仅成绩最终提不上去，还得不偿失。最后，爸爸让儿子看看电影，放松一下。电影里，晖芫看到一个画面：一个看起来油光满面的老板带着两个警察敲响了一扇木漆大门，一个老父亲打开门的瞬间，脸上显然有一瞬间的惊愕和慌张，但是很快，这种表情就被平静所取代了。他用很柔和的语气问道："你们是……"那个老板说："我找××，他欠了我店五万元，这是欠条。"说完，他把欠条递给老人，还示意了一下身后的警察。这时候，正躲在里屋的儿子已经知道了外面发生的一切，但是他没有勇气出来面对。没想到的是，父亲看完欠条，并没有找儿子出来对质，很快就处理好了这件事情，并承诺两天之内一定将钱还上。这个油光满面的老板本以为他会拒绝还钱，或者叫出儿子一顿训斥……为此还带来了两个警察，而此时，老父亲的做法显然使他震惊了，于是，他临时改变了要求他们立即还钱的想法，而同意了老人的要求。接着，当老父亲送走这三位"不速之客"后，立即瘫软在门后，儿子从屋里出来，想扶起父亲，却被老父亲狠狠扇了一个耳光，然后老人泪流不止……

晖芫看完，心里久久不能平静。情绪被这个老父亲演绎得如此真切，原来人的情绪是可以被控制得这么好的。

青春心语坊

不仅是故事中的主人公晖芫有所感悟，也许很多人看过这样一个情节都会深深震撼吧。

从晖芫的例子中，我们不难看出，人的情绪真的是很难把握的，压力给一个人造成的负面情绪波动是巨大的，青少年要学会控制并调节好自己的不良情绪，不能任由情绪随时随地发作，这样不仅严重影响到人际关系，同时也对自己的身心健康不利。

第一，青少年朋友们应该知道，情绪也是需要讲原则的，也就是说，情绪是可以被控制的。明确了这一点，你就不会随意不分场合地乱发脾气了。

第二，正确看待情绪问题。一旦不良情绪产生，我们需要做的不是逃避，而是面对。清楚每个人都有情绪低落的时候，再积极向上的人都会遭受不良情绪的袭击，偶尔的情绪不良也是很正常的事情，不要有太大的心理负担，积极寻求问题的症结才是关键。

第三，要寻找问题的症结。了解自己的情绪到底处于什么状态，明白不开心、郁闷、烦躁等情绪是因何事引发的，以及自己当时在言语行为和肢体动作上都有哪些表现。如果你发脾气了，这些究竟是主观原因还是客观因素的刺激，等等。认清了这些，可以帮助我们更加有效、准确地发现问题。

第四，当你找到并明确了因由，接着便是解决问题了。选择一种方式进行心理调节，学会倾诉，如果自己无法解决，就要寻求周围人的帮助，像父母和老师，努力获得他们的理解和安慰，让他们帮助你一起度过这段情绪的不稳定期。假如你还可以及时认识到自己的不足、敢于进行自我批评和自我教育，接受父母和师长的意见和建议，从而提高自我意识，那么，你将会发现一个全新的自己。

最后，养成控制情绪的好习惯。青少年朋友要想有效地处理好自己的情绪，不是一朝一夕就可以做到的，这还需要从平时做起，始终保持一种积极向上的生活和学习态度，培养冷静处理问题的习惯，不被冲动所左右。

第六节　不在命运前低头

● 挫折中书写华丽诗篇

出生在美国波士顿的他，从小就是个苦命的孩子，3岁时就成为一名无父无母可怜的孤儿，后来被当地一个富商收养后才有了上学的机会。渐渐地他爱上了文字，爱上了写诗，却得不到养父的认可，在"白痴"的骂声中成长的他反而生得浪漫不羁，这与养父的循规蹈矩形成了鲜明的对照，矛盾也就

谁说青春一定迷茫

不可避免地发生了。最终,他被养父骂成"不孝子",并被赶出家门。走出家门后不久,就读于美国西点军校的他,因为酷爱作诗并拒绝参加学校的操练,最后被校方开除。之后很长一段时间他一直将精力投入在写诗上,以此来打发那些无聊的时光。

大约在26岁那年,他遇到了生命的转折点,也是在这一年他遇见了生命中最重要的女人,她就是表妹唯琴妮亚,两人很快坠入爱河,最终不顾家人的反对以及世俗的眼光,从遇见到相爱,再到结婚,他们经历了一段刻骨铭心的相恋时光。婚后的生活虽然很艰难,两人经常饿着肚子,甚至连每个月3美元的房租费用都支付不起。这段时间,他穷困潦倒,仅仅凭借写诗赚取家用,他甚至将自己整整花了10年写成的诗篇,以10美元的价格卖出,他被人们无情地讥讽为"穷鬼",嘲笑成"弱智",他在生活的边缘苦苦挣扎,打击毫不留情地接踵而至。尽管如此,美丽的妻子依旧对他不离不弃,几度病倒,还依旧坚守着属于他们的爱情。在不稳定的生活面前,他们用真情演绎了一段稳固的爱情传奇。

这个他,就是美国著名作家及诗人爱伦·坡,也是世界文坛上最著名、最浪漫的文学天才之一。就是在无数的挫折与打击中,他仍然没有放下手中的笔,他将自己对妻子深挚的爱和对生活的殷切期望化作笔下流畅美丽的文字,他多么希望改变现状,给妻子一个好生活。这也是支撑着他继续活下去并努力奋斗下去的力量。在妻子深沉的爱与鼓励中,他常常忘记了痛苦和艰难,一步步坚定而勇敢地走下去。

可是命运总是爱捉弄人,尽管爱伦·坡从来不曾放弃前进,并不断地努力着,妻子还是没能等到他改变生活的那一天就带着无限的不舍离开了他。爱伦·坡再次陷入几近崩溃的边缘,但是在痛定思痛之后,他决定用笔来书写丧妻之痛以及对妻子的眷恋与爱意,这就是后来的《爱的称颂》,发行后不久便闻名于世,每个人看后都为之动容。也就是从这个时候开始,这个伟大的诗人才被世人所知,他的生活和命运也因此发生了巨变。

> **青春心语坊**

在人的一生中，总会遇到这样那样的挫折和不幸，有的人生下来就处于十分不好的环境中，生活似乎从来都不肯给他送上一点点的阳光，也有的人生下来就享受着风吹不着、雨打不着的温室一样的生活，但前者往往比后者最终获得的幸福更多，建立起的城堡更加坚固。

挫折比任何事情都容易使人产生消极情绪，脆弱的人一经挫折的打击很可能就一蹶不振，任由消极情绪折磨和摆布，这个时候就会停下前进的脚步，抱怨生活的不幸。当你高兴快乐的时候，觉得什么都是永恒的，世界是多么美好；而一旦遭受挫折，就会饱受痛苦的煎熬，觉得先前的一切都是虚无，这样的你，是情绪的奴隶，是挫折的囚徒，怎么在有生之年为自己创造出一片天地？青少年朋友正处在人生的起步期，可以说，生活才刚刚向你展开它的扉页，历史上那么多成功的人，都曾躲在舞台后留下无数艰辛的汗水。今天的跌倒并不意味着明天、后天你还是要跌倒，今天的挫败感不能留到明天、后天，甚至更远，因为聪明的人知道，这些都是为成长和成功铺就的台阶，经历的越多，承受的越多，那么，你最终站得也就会越高。

在挫折与逆境中保持积极的态度，需要你有一颗坚强而自信的心，然后懂得审时度势，以健康向上的姿态迎接生活的挑战，做情绪的主人，那还有什么是值得你害怕和苦闷的呢？

第七节　怎样缓解情绪的波动

● 心中的魔鬼

今年的 6 月份，锦月像大多数的孩子一样，备考、高考，然后填写志愿，接下来的两个月便静静地等待着那决定命运方向的分数。7 月份来临之前，锦月也根据参考答案估了分，分数远没有她想象的高，她很担心第一志愿会落空，要知道那可是她梦寐以求的大学呀，要是考不上……一向自信的锦月几

谁说青春一定迷茫

乎都没想过考不上会怎么办。妈妈劝她说:"担心也没用啊,考试都考过了,你现在唯一可以做的就是好好放松放松,过好眼前的每一天。"锦月点点头,可还是不由自主地难受,有时候还会莫名其妙地烦躁不安。锦月觉得自己也并没有再去想分数的事,可就是不能像以前一样心平气和地说话、做事了。

　　一次,锦月和妈妈一起去超市,路上经过一个红绿灯,锦月看着呈十字交叉的路线、川流不息的车辆和急急忙忙过马路的行人,她忽然之间就觉得这一切似乎一点意义都没有,感觉人是陌生的,万事万物来到这世上为的是什么呢?分数能干什么呢?考个好大学?可上了好大学之后,我又能干什么呢?人都免不了一死,什么都是暂时的,何必呢?这十字路口,就像是人生道路的选择,有的时候你没法选择,明明向往的是南方,可是事实情况逼迫你不得不选择北方,有时候你很想漫步前行,可是时间紧迫,你又不得不加快脚步,唉,活着真的很累……一路上锦月一句话也没说,心里空空的。

　　待在家里的时候,锦月总是喜欢自己一个人坐在房间里,呆呆地望着天花板,似乎什么都不再想了,对什么也都提不起兴趣。

　　知女莫若母,妈妈自然是知道锦月的变化。于是,就常常在傍晚的时候带锦月去郊区打羽毛球,看锦月喜欢的电影。锦月也没说不去,但每次玩不到一半就感觉没意思了。那次本来是锦月自己选的电影,里面有锦月十分崇拜的明星,可是电影播出还不到一半,锦月就说想回家。妈妈只好陪着锦月回家去了,可是回到家后,锦月又独自躲在小房间里,不知道该做什么好。

青春心语坊

　　故事中的锦月显然是遭遇了情绪的侵袭,消极遁世的魔鬼住进了她的心里。仔细分析,就会发现,其实锦月的心里住着一只叫作空虚的魔鬼和一只叫作厌世的魔鬼,它们在和那只受了伤的天使做斗争,天使已经无力抵抗。

　　空虚其实是一种无聊闲散、无所事事的消极情绪,说不清楚,却清晰地存在于人的心中,会使人无法体会到自身的价值所在,眼前所见是无止境的黑暗,阴森恐怖,觉得生活和人生没有意义,即使前一秒还在经历热闹和欢愉,而当自己一个人安静下来,就会觉得,刚才的一切都是虚空的,好似梦一场,也不知道自己为什么会做这些无聊的事情。心理学上的空虚是一种消极的情绪，被这种消极情绪侵袭的人很容易对生活以及自身失去信心，对生命的真正意义也失去了正确的理解和认识，它就像是一个无休止的黑洞，一旦陷入其中，就会被紧紧地困住。

青少年如果遭遇这种情绪的困扰，就要想办法摆脱，而不是任由空虚侵蚀。

第一，在能力范围内，改变目标。前面也说过，目标是一个人前进的航标，如果一个人连自己的目标是什么，接下来要向哪里前进都不知道的话，那么这样的人生可以说是缺乏激情和动力的，那种"做一天和尚撞一天钟"的得过且过思想，作为青少年的你们是必须避免的。如果你本人有时刻朝着指定目标前进的习惯，那么，当你发现自己原先的目标不能再起到激励并指引你的作用的时候，那就要及时进行目标更新的工作了。重新调整好的目标，不管是什么，都会给你新鲜的感觉，刺激你重新燃起生活的动力。

第二，适当寻求帮助。当一个人处在情绪低谷期的时候，他人的认可和鼓励往往会起到意想不到的作用，心灵的解脱，很大程度上来自于亲人和朋友的支持与宽慰。因此，向值得信任的人适当地倾诉和发泄，可以帮助你减轻空虚感，消除消极情绪的干扰。

第三，试着全身心地投入一件事情。有人说过，忙碌使人充实。的确如此，当你胡思乱想的时候，一个人愣愣发呆的时候，觉得人生没有意义的时候，不妨试着做一些你平时就经常进行的工作，当你全身心地投入一件事情中的时候，就会暂时忘记很多东西，另外，它也会带给你踏实和充实感，提升你的成就感，帮助你找回失去的自我价值感。

第四，及时转移注意力。这一条和第一条是相连的，当一个目标无法得到实现时，或对现实的生活产生阻碍时，不妨试着做点别的事情，用娱乐身心的方式，使自己快乐起来，走出自我锁定的禁锢，充分感受外界的新奇和多彩。

第八节　困扰，其实来自你自己

●和尚与农夫

故事一：寺庙里有一个和尚，喜欢独自静静地坐禅。但是有一只很大的蜘蛛总是喜欢在他坐禅的时候来捣乱，使得和尚不能安下心来打坐。多次之后，他决定将这件事情告诉师父，请师父想个法子。师父就说："下次再打坐的时候，你就把事先准备好的笔拿出来，在蜘蛛的身上做下记号，这样就可以知道它来自什么地方了。"和尚听后觉得这个办法不错，于是就照做了。然后等蜘蛛爬走后，他便安下心来。坐禅结束后，和尚睁眼一看，那个记号不偏不倚，正在自己的肚皮上面。

故事二：从前的某一天，天气炎热，一个农夫在一条河里划着船，他是要给另外一个村子的居民送去一些货品。这时候，他已经汗流浃背，酷暑难耐，于是便加快了划船的速度，希望快点完成运送任务，这样就可以在天黑之前赶回家了。想着想着，农夫看见对面有一只小船并距离自己越来越近，那只小船的速度很快，眼看着就要和自己相撞了，但对方丝毫没有想要避让的意思。农夫着急起来，慌忙大喊起来："快点让开，再不让开我们就要撞上了！"可是回应他的只是他自己慌乱的心跳声，结果，两只船还是结结实实地撞在了一起。这时的农夫脸色铁青，心中充满怨恨，他破口大骂："你到底会不会驾船啊？河面这么宽，你哪里不走，偏偏来撞我的船，头脑有毛病啊！"农夫愤怒的眼睛睁得又大又圆，同时，话未落音，他就发现这艘船上居然一个人都没有。

其实，很多事情都是因为我们自己，一切消极的情绪皆源于我们自身。当那个和尚惊奇地发现，原来那只蜘蛛之所以会干扰到自己，还是因为和尚自己不够专心，干扰其实来源于自己，也就大彻大悟了；农夫对着一艘空船怒吼，不仅无济于事，而且依旧解决不了问题。生活中，试想一下，如果这些外界的干扰这么轻而易举地影响了你的情绪，那么，你的第一反应会是什么？是抱怨、愤恨，还是从自身寻找问题？那些我们原本以为是他人过失的事情，问题反而恰恰出在自己身上。

许多消极情绪，实际上都是不必要的，都是你自找的，困扰本身其实并不存在，情绪本身也是可以控制的，关键在于你如何看待。

青春心语坊

心理学家研究称，当大多数人开始产生情绪的时候，他们几乎都会第一时间从对立面考虑问题，抱怨是外界干扰了自己，是外界的过错，而并不是从自身考虑问题，并且人们也更加倾向于将问题放大，将事情严重化，这就是困扰的来源，也是情绪产生的途径之一。

心理学家也曾经做过这样一个实验，他采访了一些人，并要求他们把自己当前正在困扰的事情写下来，把纸投到一个箱子里。大概半个多月之后，当心理学家打开这个箱子并逐个访问接受实验的那些人时，对照着他们先前写下的"困扰"，实验结果发现，其中有92%的"困扰"都没有成为现实，也就是说，这些"困扰"实际上都是人们自己想出来的，并且就是这些虚拟的东西，曾经在当时严重影响了人们的心情，成为情绪的最大黑手。很多影响心情、引起消极情绪的东西，实际上都是大家自己预想出来的，而实际成为现实的却很少，并且多数的困扰一半是关于未来，还有40%是关于过去，而只有10%是关于现在的。

因此，大可不必为了那些并不可能成为现实的东西而困扰，拿它们来影响自己的情绪。可以说，如果你正在遭受情绪的折磨，那么多半是自找的，试着放开，也就消除了消极的情绪。有人说困扰就像是一根打了结的绳子，一边牵着的是你自己，一边牵着的是别人，如果老是过不去，那么这个结就会越拉越紧，情绪的结也就距离自己越来越近。反之，如果松开，就在不知不觉间渐渐松开了。

"这个世界上，最宽广的是海洋，比海洋更宽广的是天空，而比天空还要宽广的，便是人的胸怀。"虽然说一切困扰都是自找的，有些片面，但反过来，如果你看得开，放得下，有什么是值得你困扰的呢？有什么事是必定会产生消极情绪的呢？青少年朋友们要有一个宽广的胸怀，不为未知的事情担忧，不过多回想已经成为过去的事情，重要的是汲取经验，做好眼下的事，这样才不会给未来的今天悔恨的机会，也就自然不会出现一些消极的情绪了。

第九节　情绪心理摆

• 情绪的心理摆效应

相传在古老的西藏有一个叫爱地巴的年轻人，虽然他不会经常发脾气，但总是为别人的某些言行而不满，甚至是气愤，情绪激动时还会与人发生争执。后来，每次只要发生类似的情况，他都会掉头跑回家去，然后在自己家的屋子、田地周围跑上三圈。等跑完之后，内心便会平静下来。就这样，每次只要情绪有所波动和起伏，他就使用这种方法暗示自己平静下来，恢复之前的平常心态。

在以后的日子里，随着爱地巴家的房屋越来越大，田地的范围也越来越大，每次绕圈跑爱地巴都累得气喘吁吁，但是爱地巴从来都没有放弃过这个习惯。

年老后的爱地巴有个可爱的孙子，他见爷爷这么大年纪还这样，便奇怪地问："公公，为什么你心情一不好就要绕着咱家的房子走？有什么秘密吗？"爱地巴爬满皱纹的脸上露出了笑容，他说："当我年轻的时候，只要一和别人生气，我就会绕着房屋和田地跑上三圈，一边跑着，一边在心里想'我的房子这么小，土地这么少，哪有闲工夫与别人生气呢，还不如将时间用在有实际意义的事情上'，于是我就努力地劳作；当我渐渐老了的时候，房子也慢慢大了起来，土地也变多了，这个时候如果生气，我还是会绕它们跑三圈，一边跑着，一边在心里想'我的房子这么大，土地这么多，干吗还要和别人生气呢？'于是，也就不再生气了。"

这其实也是一种心理暗示作用，心理学上也叫情绪的心理摆效应。

青春心语坊

人的情绪是复杂多变的，犹如大海的波涛，有起也有落。有时候如沐春风，有时候黯然神伤，喜悦与忧郁似乎形影不离，这一秒还沉浸在惶惶不安和愁肠百结中，下一秒很快就会开怀大笑，满面春风，这就是情绪的不稳定性，也是人们很难准确把握和控制的。

之所以会出现情绪的波动，是因为人的感情很容易受到外界的刺激而产生不同的情绪。这情绪是有益的，也是有害的。有益的情绪要积极加以利用，比如积极的激情、动力等，要是运用好这些情绪是可以对工作和学习起促进作用的，而对于那些消极情绪，就应该及时加以遏止，因为坏情绪不仅影响正常的生活和学习，还对人际交往有很大的阻碍作用。实际上，情绪很大一部分都是心理暗示的作用，当消极情绪产生的时候，不妨像爱地巴一样，给自己一段时间，让自己在这段时间里将情绪消化掉。

青少年要学会情绪管理，控制好自己的情绪，学习做自己情绪的管理师，时刻给自己一个积极向上的暗示，那么，那些消极的情绪就不会再来骚扰你了。

自我调理。告诉自己，我很好，在一个自己喜欢的角落，将所有的喜怒哀乐都暂时丢开，深呼吸，想想那些令你开心幸福的事情或细节，生活是琐碎的，没有人可以一直保持心情愉悦，重要的是自己要调节好，一个积极的心理暗示很重要。

心存感恩。很多心理学研究都表明，当一个人以一种积极的思维方式去思考问题的时候，心态就会明显变得不一样，只有心存感激，才能拥有一颗宽宏博大的心，才更加容易包容身边人的不足之处，消极情绪才不会那么轻易袭击。

适当沉默。如果你觉得你的内心正在被某种感情纠缠，并且还不能很好地表达自己的思想，那就什么都别说，冷漠、讽刺、指责、怨恨，这些对你对别人一点好处都没有。

选择原谅。原谅是给自己最好的赠礼，因为只有这样，你才能彻底放开，而你所放开的不是别的，恰恰就是你自己。

第十节　好情绪养成法

拿得起放得下的人往往活得很快乐，因为他们懂得生活的哲理，也深知心态的决定性作用。

● 懂得放下，懂得生活

相传，宋朝时期，有个副相叫吕蒙正，因为自己长相的问题而常常受到一些人的讥笑。有一次在皇帝的朝堂上，被任命为副相的吕蒙正走在通往朝堂的路上，而他的耳边却不停地传来很刺耳的话语，有人说："长成这样，还敢出来丢人现眼？"还有人说："不知道是怎么被任命为副相的。"但是吕蒙正就像什么都没听见一样，依旧向前走。而紧跟在他身后的几名官员已经听不下去了，他们说一定要查处这个在背后说闲话的人，最少都可以判个诽谤罪。可是吕蒙正制止了他们，"你们的好意，我知道，可是反过来想想，那些不中听的话丝毫都没有影响到我的心情，我还是对我的前途充满期望。再说，那个在背后说闲话的人，果真查出来了，以后共侍一君还怎么将心中的偏见放下？倒不如现在就果断不要知道的好。"

后来，吕蒙正果然成了文武百官中的佼佼者，也是宋朝的一代名相。

还有一个故事说的是，一个年轻人有远大的抱负，但是很多年过去了，他依旧一无所获。苦恼之余，他来到一位大师的面前，向他诉说了自己的不幸。大师没说什么，只是邀请年轻人和自己一起去爬山。年轻人知道，大师一定是有什么用意，于是欣然应允。他们所要攀爬的山上有很多很多美丽精致的小石头，很迷人，年轻人一见就觉得很喜欢。大师看了出来，说："要是喜欢，就把它们装进袋子里吧。"年轻人按照大师的意思做了，不多久，身上的袋子就越来越重了，最后实在是背不动了，年轻人才说："不行了，袋子太沉了！这可怎么办？"大师微微笑，"该是放下的时候了。要不然，你接下来要怎么登山呢？"

生活其实也是一场登山运动，太多的负重反而会阻止你前进的脚步。不管是晶莹剔透美丽的小石头，还是忧伤苦恼乃至致命的诱惑，都是人生路上的阻碍，你一个个地拾起，然后放进自己的袋子里，日积月累，袋子总有沉重的时候，只有懂得适当放手，有选择地装载，才能更好地快乐地生活。美学家朱光潜曾经说过："人生的第一桩事情就是生活。"生活，活的是人生，人生既是享受，也是索求，既是朦胧，也是领悟，为了任何一件事情而放弃了生活，都是不理智的。

青春心语坊

懂得放弃，舍得放弃，才能在我们有限的生命里获得更加充实的体验，不被情绪所左右。某个深夜，一个小偷潜入一户人家行窃，刚好被正在祈祷的神父发现，神父发现后，很平静地对他说："放下你手中的东西吧！如果你现在回头还是来得及的。因为上帝在这个时候还在为你开着天堂的大门，否则，这扇门就要关了。"小偷听后并没有觉得怎么样，反而很镇定地说："如果天堂的门要关闭，那就让它关闭好了，反正我的专长本来就是开门。"如此执迷不悟的坚持，所换来的苦果只能自己品尝。

青少年朋友们，你们是否放得下呢？

放下忧愁。生活中令人烦心的事情实在是太多了，如果你每一件事都要忧愁一番，那你还要快乐和幸福的体验吗？情绪本身就是很难捉摸的事情，尤其是忧愁所带来的情绪变动，当你敢于放下忧愁的时候，多半就是你从情绪的圈囿中解脱出来的时候。

放下情结。不管你是不是被对方接受，你的做法、你的思想、你的付出等，如果别人不看好，那又有什么关系？你活着不是为了取悦他人，尤其是那些根本就不在乎你的人。你需要明白的是，永远别向别人解释你自己，因为不懂你的人解释了也没用，懂你的人，根本就不需要你的解释。

放下利益。这并不是指商业场上的利益关系，而是你的得失心。所谓得到和失去，有时候只是一念之差，别总是拿你曾经拥有的和你现在的做比较，要知道生活一直在变化着，即便是一直拥有着的东西，你又能保证它还是原本的样子吗？所以，很多时候，失去未必不是一件好事。痛苦源于比较，即使比较出了优势,也并不见得是值得高兴的。

  时刻谨记:不要在喜悦时做出承诺,不要在愤怒时下决定,不要在忧伤时给出答案,不要在今天追悔过往。

第二章 端正心态，拒绝逆反

青少年逆反心理和行为的出现，实际上也是坏情绪的一种表现。具有逆反心理的青少年朋友，多半是一种强烈的抵触情绪在起作用。那么，这种逆反心理的表现有哪些呢？在青少年的行为活动中，到底哪些才是逆反心理的表现呢？逆反都是不好的吗？如果它存在积极因素，那是什么呢？青少年如果出现了逆反心理，要怎样进行自我控制呢？与家人之间的冲突要如何化解呢？

第一节 青少年逆反心理的表现

● 青少年极端逆反心理要不得

案例一：

王丹本来是一个乖巧听话的孩子，但不知道从什么时候开始，他不仅对老师产生了不满，还觉得父母似乎也在和自己作对。他成绩不是很好，妈妈却一直逼着他挤进班级前十名，还天天絮絮叨叨地督促他的作业。他想，自己都这么大了，还整天管这管那，你不嫌烦，我都觉得累得慌；还有就是那个班主任，每次开班会都要点我的名，说是要我们好好学习，却老是有一些乱七八糟的课外活动，真是耽误时间……由于班主任是教历史的，因此，王丹开始在上历史课的时候故意捣乱，不听课。他说，不喜欢这个老师，就不想学他教的课。

谁说青春一定迷茫

案例二：

小磊正在读初一，像很多男孩子一样，他也很贪玩很任性。但很听爸爸的话，主要还是因为爸爸的威信比较大。可是渐渐地，小磊开始觉得爸爸管得太严了，他觉得自己已经长大了，说什么都是一个小男子汉了，还被这样管着，真是没面子！于是他决定以自己的方式来改变这种状况，开始时他对爸爸说的话不会每件都听从，后来渐渐顶撞爸爸，一次爸爸被小磊激怒了，便拿出皮带抽了他两下，结果小磊把自己反锁在自己的小书房里一整天不出来，直到妈妈假装把爸爸训斥了一顿，他这才消气。在学校，小磊对老师的管教也很不满。

案例三：

这是一则真实的报道。某名高中男生生性倔强、个性要强，学习成绩中等偏下，一直是老师十分头疼的对象之一。一次家长会上，班主任向家长如实汇报了学生的表现，一向对孩子管教甚严的母亲扇了孩子两个耳光，没想到的是，悲剧就这样发生了。这名男生当时没做出任何反抗，当母亲回房间之后，他直奔厨房，拿出母亲平时切菜用的刀，然后冲进母亲的卧室，将躲在被子里抽泣的母亲砍伤，他母亲后经医院抢救无效死亡。

青春心语坊

逆反心理在青少年群体中是很常见的心理现象，是一种客观环境与主观个体需求出现冲突时所产生的一种心理活动，具体表现为一种具有反抗性的情绪和态度。青少年逆反心理具有相当的鲜明特征，首先是盲目性。在一种强大好奇心和探寻心理的作用下，青少年对外界的刺激产生不适应和反抗的心理意识，盲目性促使其以"作对"的形式表明自己的立场和自我意识的形成，往往不分好坏，不考虑后果，认为只要"对着干"就是自我强大的表现，而实际上这种认识是完全错误的。

其次，逆反心理具有社会性。青少年对外界信息的接受往往不经筛选，自己分辨是非的能力也很有限，一些不良的，甚至是恶劣的习性一旦被吸收就会造成不可收拾的后果。

再次，青少年逆反心理还具有自发性和较强的感应性。青少年在特定的社会环境和生活条件的影响下，可能自发地形成逆反倾向，以在某件事情上接受不了而发生抵触，甚至是过激行为；另外，人与人、团体与团体之间，都具有较为强大的感染性，一些本身逆反倾向比较严重的群体对逆反意识还不是很强大的群体会产生极大的助推作用。

最后，逆反心理具有多变性。随着青少年主观意志的逐渐增强，逆反倾向也会越加明显，再加上周围人与事的影响，逆反心理可能会朝两面发展，一面是正极，一面是负极。因此，正是因为青少年逆反心理具有这个特征，才使得其可以通过家长和老师及时准确的引导而加以纠正。

综上所述，逆反心理是多数青少年在成长过程中不可避免的一种心理现象，正是因为它往往是青少年性格开始独立、思想开始成熟、观念开始变化的体现，因而不是百害而无一利的，同时，逆反心理也具有强大的危害性，如果不及时加以正确的引导和纠正，恐怕会酿成不必要的惨剧。

第二节　逆反心理也未必不好

● 有必要正确认识青少年逆反心理现象

肖琼是河北一所高中的学生，即将面临高考的她在心理上承受着很大的压力。她从小就有一个心愿，那就是考上一所外省的大学，从此离开那个令她头疼的家。说起肖琼的家，其实是妈妈和另外一个男人组建起来的，早在她还在读小学的时候，妈妈就和爸爸离婚了，妈妈带着她，爸爸带着弟弟都各自成立了一个新家。妈妈和继父结婚之后，很快就有了现在的小弟弟，可能因为是男孩，也可能是妈妈将对亲弟弟的思念和爱转移到了这个小弟弟身上的缘故，肖琼觉得妈妈不再像以前一样疼爱自己了，甚至还听从继父的安排，差点让肖琼辍学。肖琼是个很懂事的女孩，或许就是在那个时候，肖琼才渐渐意识到，自己必须要学会保护自己，要为自己的未来做好打算。为此，她开始努力学习，每次考试都是校前三名，这才打消了妈妈让她辍学的念头。

现在的肖琼，俨然是一个小大人的形象，很懂事，因为她知道，自己身在这样的一个环境里，只有靠自己的努力才能改变命运，否则，她的一生恐怕都要被妈妈和继父控制。现在成绩优异的肖琼考上一所外省的一本大学完全是没有问题的。她说，其实有时候她也很感谢妈妈，如果不是环境的逼迫，也许，她还是下不了这个决心的。

青春心语坊

案例中肖琼的逆反心理主要表现在对命运的反抗上，母亲和继父不支持她走上学这条路，反而促进了她更加努力学习，渴望用自己的行动和努力来改变即将要被家人操作的命运。这是逆反心理积极作用的一面，因为，我们说，适当的逆反其实还是很有益于青少年成长成才的。

心理学家认为，人类在成长的过程中，往往都要经历两次逆反时期。第一个时期是3岁到5岁之间，被称为"第一逆反时期"；而从12岁到20岁，则是"第二逆反时期"。在"第一逆反时期"中，孩子的心理逆反主要体现是，以自身已经具备生活能力（像走路、自己吃饭等）的基础上，对大人们的要求和生活安排等表现出一种"不遵从"的行为，也就是很多家长说的"不听话，不乖"；而在"第二逆反时期"，由于青少年在这个时期内，生理发育也逐渐成熟，思想上的自我独立意识也更加强烈了，于是便开始关注自己是不是得到了该有的尊重和理解，而一旦这种需要得不到满足，很自然地就会产生逆反心理。

而研究也显示，强烈的逆反心理对青少年成长的危害确实是很大的，但其中也不乏积极的因素存在，当然，适度的逆反对身心的发展也是有积极作用的。

适度的逆反心理有助于青少年独立意识的发展。处在这个时期的孩子往往不再像小时候一样过度依赖父母，而是渴望长大、渴望独立，他们眼中，或许父母的做法已经不再是全部正确的了，对老师的说教也会产生质疑，尤其是一些对是非有特殊判断能力的青少年，他们会比其他的同龄人成熟得更快。

适度的逆反心理促进积极向上的好强心的形成。这是心理上的一种突破，也是建立良好心理品质的关键时期，尤其是当周围的人对其能力产生怀疑和不信任时，就越会激发这些青少年"证明"自己的冲动，他们已经不再是过去听话、顺从、乖巧的小皇帝或小公主，这个阶段中，最容易养成冒险、好强、积极进取的心理特质。

适度的逆反心理还对青少年在成长过程中出现的消极情绪具有一定程度的调节作用。上述案例中的肖琼就是一个很明显的例子，通过自身所做出的一些与家长意愿相悖的行为而产生心理上的成就感（当然，这必须是积极意义上的），从而来达到消除消极情绪的作用。

第三节 青少年逆反心理的自我控制

●青少年的逆反案例

案例一：

晓娜一向很乖巧，也很听父母的话，亲戚朋友也都夸她是个很懂事的孩子。但最近晓娜变得有点让人难以理解，以前从来不会与父母顶嘴，现在不仅爱顶嘴了，而且动不动还发脾气，最后，只要是父母要求她做的，晓娜几乎都不会做；老师布置的家庭作业，晓娜也不想写，好几次老师因此而批评了她，结果晓娜只要是上这个老师的课，没有一回是好好听讲的。一次，爸爸出差不在家，妈妈有事要出门，晚上才会回来，临走前，妈妈交代晓娜要乖乖地待在家里，饿了就自己煮面吃，天气冷要多穿衣服，因为晓娜的感冒还没好，按时吃药也是必需的。但是没想到的是，晓娜不仅没吃饭，还将感冒药丢掉了。

案例二：

丹青是个个性活泼开朗、阳光乐观的男孩子。班里有个学习好、样子也好看的女生，女生的物理成绩很不错，丹青很喜欢去问她物理作业，加上两人的家距离不远又顺路，两人的来往显得较为亲密。但是这在丹青的父母眼里就是不正常的行为，常常暗中跟踪他们，还向班主任询问丹青最近的学习情况，当得知丹青的成绩不仅没有下降，反而有所上升时，还是觉得不对劲。

谁说青春一定迷茫

一个很偶然的机会，妈妈在街上看见丹青的自行车后座上居然载着一个女孩，于是二话不说，上前就给了丹青一个耳光，这样的举动着实让女孩惊讶不小，也让丹青无地自容，还没等丹青反应过来，妈妈就骂他不争气，小小年纪就谈恋爱，不务正业。其实那次只是女孩的车子掉链了，无奈之下，丹青才决定用自己的车载女孩一起回家。丹青和女孩有口难辩，知道说什么也没用了，最后，丹青一气之下，对母亲说："连交个异性朋友你们都硬要说是在谈恋爱，那好，我们就谈给你看看！"之后，丹青和女孩的友谊真的发展成了恋情，在家长和老师的一再阻挠之下，丹青和女孩最终选择了离家出走。

青春心语坊

在上述案例中，我们不难看出，青少年的逆反心理既有主观原因，也有一定的客观因素。家长、老师等这一类充当说教者角色的人物所采取的方式和方法不当，很容易造成青少年逆反心理向反面恶化，家长的不理解，甚至是胡乱猜疑很容易适得其反。

青少年在遭遇逆反心理冲击的时候，最好能做到自我控制和克服。首先，得面对现实。要知道你所处的环境和接触到的人很多时候是没有办法改变的，是不以你的意志为转移的，尤其是对于一个初中生来说，学习上的压力、老师的要求、家长的责备、同学的不和甚至外界的刺激与不和谐，需要头脑冷静地去面对去处理；其次，要及时与家长、朋友、老师进行沟通互动，不要自己擅自做决定，正如案例二中的丹青，如果他敢于将这件事情说出来，就不会被逼着加入"逆反"的叛逆行列；最后，就是要清楚自己现在的所作所为很有可能成为今后人生路上的一大绊脚石，谨言慎行，努力戒除受周围环境影响的消极的负面因素，增强自我控制能力，学会适应社会，适应环境。

包括家长在内的长辈们应该做的就是采取正确的方式引导孩子们准确认识自己，帮助他们认清服从逆反心理所做出的行为是要付出代价的，还要更多地关注孩子所处的环境及很可能对孩子带来的影响，帮助孩子树立起正确的人生价值观。

第四节 家人是你的朋友

● 小杰的叛逆

小杰是初二学生，平时成绩还算可以。老师都说，小杰很聪明，只要再努力一点，排名肯定会靠前的。但最近一段时间，小杰被几个高年级的学生纠缠上了，他们常常在放学的路上拦住小杰，说是交出"过路费"才能让他回家。前两次小杰交了，那是妈妈给的零用钱。后来随着次数的增多，小杰身上已经没钱了，但是如果不交钱，小杰就回不了家。有一次，交不出钱的小杰被打了，胳膊上青一块紫一块的。小杰不敢和老师或妈妈说，更不敢和那些人对着干，因为知道自己寡不敌众。后来，其中一个高年级学生告诉他，只要加入他们，给"老大"打工，就不用每天交"过路费"了，而且，学生时代不疯一疯，好好叛逆一回，以后就没有机会了。小杰想了想，也有道理，于是就成了他们中间的一员。大家都看到，一个经常被欺负的小男生，逐渐融入了这帮不务正业的小帮派。之后，妈妈发现小杰的头发开始由黑色变成了金黄色，而且回家也越来越晚，问了他好几次，小杰都说是老师开班会，或者是说老师布置什么任务。妈妈问得多一点，小杰就发脾气，大声嚷嚷说"烦不烦啊"。

妈妈把这件事告诉了正在读高二的姐姐。小杰姐姐的学校距离小杰的学校不算远。周五下午，姐姐特地向老师请了假，等在小杰放学的那条路上，看见小杰和一帮金黄色头发的孩子骑着自行车飞一样地奔出校园，姐姐便躲起来了，然后远远地跟在他们的后面。一路上，姐姐发现弟弟的行为和平时大大不同，小杰跟着他们并没有回家，而是径直进了一家网吧。姐姐跟着进去，在网吧的一个小角落里看见小杰和一个打扮得很成熟的人在一起打网游，嘴里还叼着烟，烟味弥漫在四周，有一种雾气腾腾的感觉。姐姐没想到一向乖巧的弟弟，居然成了这帮小混混中的一员，心里不禁一阵紧，但是姐姐很理智地回家去了。晚上弟弟还是很晚才回家，这次是姐姐问："小杰，这么晚

谁说青春一定迷茫

才回家,去哪了?"姐姐平时不怎么在家,今天居然回家了,而且还一副狐疑的表情,小杰有点不自在,挠挠头,支支吾吾说:"额……老师叫一个成绩好的同学……给我解……数学难题。""那你把题目给我看看。"姐姐步步紧逼。没想到小杰立即变了脸色,吼道:"没带回来!"

之后的几天,妈妈找到小杰的班主任,询问小杰最近的学习情况。老师说:"小杰最近确实很反常,上课不再积极回答问题,家庭作业也经常说是落在家里了,要不就说是因为爸妈吵架,他没心思做作业,因为每次他都能在白天自己补上,我也没说他什么。倒是你们家长,我正打算过几天开家长会找你们好好谈谈呢。"妈妈心里直犯嘀咕,再加上上次姐姐说的,她确信小杰肯定是遇上什么事情了。

那天晚上,姐姐、妈妈还有平时不怎么在家的爸爸,都一起坐在客厅的沙发上等小杰回家。一头红色头发的小杰打开门的一刹那,面对一家人的目光,小杰突然感到一阵羞愧。后来,在大家苦口婆心的询问、关怀、劝解、开导下,小杰终于将事情的原委说了出来。之后,小杰在爸爸的帮助下,渐渐疏远了那群高年级学生,小杰又重新染回了黑发,每天按时回家,按质按量完成作业,成绩也提高了很多。

青春心语坊

面对青少年的逆反表现,家长和老师不能一味地排斥、恶语相对,否则很可能就会造成更加严重的后果,因此,它需要信任与理解,开导与指引,这才是最佳的应对策略。

小杰显然是受到周围人群的影响,生性胆小的小杰不敢反抗,再加上自己也认为"学生时代不疯一疯,好好叛逆一回,以后就没有机会了",于是就加入了"逆反"的行列。我们说,小杰一方面是受周围人和环境的影响和逼迫,一方面也是自己的思想陷入了误区,青少年逆反心理是有其积极的一面,但很大程度上也具有很大的负面作用,小杰的行为就是典型的青少年逆反心理的重要表现之一。

但是小杰没有意识到的一点是,其实家长是自己的朋友,在必要的时候,要将自己面临的困境说出来,寻求帮助,才能使用正确的方式解决问题。青春期孩子正面临人生的转折点,这一路其实并不平坦,沟通在这一过程中显得尤为重要。但也许很多青少年会说:"我不敢说,怕爸妈骂我","说了有什么用,爸妈只会责备,根本就不理解"。之所以说家长不理解孩子,也是孩子自己不愿将心事透露给家长的缘故,只有当家长真正理解并知晓孩子的内心世界,才可以在关键时刻为迷茫的孩子指引正确的方向。

第三章　荆棘路上的积极心

一个成功的人首要的标志是什么？那就是他的心态。在人生的道路上，一个积极向上的心将会帮助你翻越过众多艰难险阻，乐观地接受挑战，坦然地面对困境，那么，我们就已经成功一半了。那么，一颗积极的心要怎样养成？如何在日常生活中用积极心来看待一切不幸？当心理虚弱，无法肯定自己的时候，你需要怎样的心理抚慰来帮助自己渡过难关呢？积极的心不光是来自他人的肯定，还在于自己的自我鉴定。如何养成一种积极的习惯呢？如何在困难面前依旧昂首阔步呢？等等这些，都将是本部分为你阐释的主要内容。

第一节　用积极心浇灌缺水的玫瑰

● 不要让心灵也残缺

科学家霍金小时候和许多其他的小伙伴一样，并没有把心思用在学习上，甚至是任何一个方面都没有显示出比别人强势的一面，很晚才上学读书的霍金，在班里的成绩也并不算突出。霍金也不是个爱整洁的家伙，常常以一副很邋遢的样子出现在大家的面前，结果很多人都叫他"爱因斯坦"，并且认为，这样的一个人将来一定是一点出息都没有的。但是，谁又料想得到，几十年后，这个貌不惊人的邋遢小家伙居然成了一名大师级的人物。

起初，当霍金还在牛津大学读书的时候，就被诊断出患有"卢伽雷病"，不久之后，就瘫痪了。后来还查出患有肺炎，并因此进行了一次穿气管手术，之后便再也不能说话。行走依靠轮椅，说话也只能依靠安装在轮椅上一个小小的对话机与语言合成器进行交谈，读书要利用一种可以翻书页的机器才能进行……有人形象地比喻说，霍金读书就像是蚕吃桑叶一般。

霍金就是在这样艰难的处境中，完成了一部部文献的阅读，达成一个又一个自己设下的目标，并最终成为世界公认的引力物理科学的巨人。

一次在学术报告会上，一个青年女记者采访霍金："霍金先生，卢伽雷病使你再也站不起来，您不觉得命运很不公平吗？"面对这样的提问，霍金的表情很平静，面带微笑地在键盘上打出了这样一行字：我的手指还能活动，我的大脑还可以思考，我有终身的追求和理想，我还有爱我的亲人和朋友，对了，我还有一颗感恩的心……

在被诊断出病情的时候，霍金知道自己只能存活两年，但是霍金却奇迹般地长久地活了下来，之所以会这样，还是因为他有一颗强烈的积极向上的心，一股源于生命最本能的生存意志。或许命运对他来说，真的不是公平的，他却始终坚信自己可以像常人一样生活，像常人一样为世界、为亲人、为所有关爱他的人做出贡献和回馈，正是这颗积极向上的心浇灌了一颗即将要枯萎的玫瑰。霍金的一生是对人类意志力最独到的诠释，也是科学精神创造出来的奇迹。

青春心语坊

虽然我们不能选择自己出生的环境，却可以选择心境。一个坚强而自尊的态度，一颗积极而向上的心，一股敢于和顽固的崖口搏斗的生命的激流，当你勇敢地跨过了，就会看见独放异彩的亮光。积极的心态可以说是支撑生命运行下去不可缺少的力量，如果只是一味地消极，尤其是身处逆境的人，就很容易从此堕落下去，最终被命运的魔鬼吞噬。

弥尔顿曾经说过，"思想的使用和思想的本身，就可以将地狱造成天堂，或者将天堂变成地狱。"威廉·詹姆斯说："行动似乎是随着感觉而来的，但实际上，行动和感觉是同时发生的，假如我们可以让自己在意志力的控制下行动规律化，也就能够间接地使不在意志力控制下的感觉规律化。"依匹克特修斯也说:"我们应该极力消除思想中的错误想法,这比割掉自己身上的肿瘤和脓疮还要重要得多。"

可见,一个人的思想状态是多么的重要。

青少年朋友们,当你们在面临生活中的不顺,甚至是不幸的时候,要有一颗霍金般的心,不管命运公不公平,只要自己始终保持一颗积极的心,再大的困难也会出现转机。心态决定了一个人在生活中的思想态度,态度则决定了一个人是否具有成功的潜质。

第二节　积极心帮助你发现另一个自己

● 逆境中的另一个自己

作为鸟类最具有攻击力的鹫鸟,其捕食本领可谓数一数二。但很少有人知道,其实这种鸟在很小的时候就有很触目惊心的经历——母亲一旦发现小鹫鸟的羽毛生成,就会立即将它驱逐出鸟巢。刚开始,很多小鹫鸟都不习惯,往往在被逐后还会自己飞回来,但母亲会反复地将孩子驱逐出去。这种做法看似对幼鸟残忍,实际上却是给幼鸟最好的磨炼机会,如果只是在鸟巢中安全温暖地成长,那么,鹫鸟永远都不会成为鸟类最优秀的"帝王"。

鸟类犹如此,更何况是人类。世界名著《唐·吉诃德》的作者塞万提斯在创作本书的时候正蹲在监狱里面,可想而知,那种境遇是怎样的艰苦。但就是在这样一种环境中,塞万提斯完成了这部长篇小说,给人类留下了万古称颂的名著。

居里夫人,现代原子物理学的奠基人以及放射性元素镭的发现者、镭元素研究的奠基人,在青年的时候,身处艰难的环境中,不但实验原料缺乏,就连实验室也不能遮风挡雨。但屋漏偏逢连夜雨,就在她展开科研攻关的关键性时刻,她的丈夫,一个与她共同研究镭元素的重要人物,在一起车祸中不幸丧生。悲痛万分的居里夫人,并没有久久沉浸在不幸中,而是以理智战胜了感情,她以坚强的意志力和那颗积极向上追求科学理想的心,重新燃起对生命和理想的追求。最终，她克服了重重的困难，终于在丈夫身亡的第四个年头，取得了重大成就。

瑞典化学家诺贝尔，在很小的时候就立下誓言"为人类而生"，并决定在实践中实现自己的誓言。而现实却并没有那么顺利，很多次，在试制炸药的过程中发生爆炸，诺贝尔被炸得遍体鳞伤，可就是这样的困难，依然没能动摇诺贝尔"为人类而生"的决心。最终凭借他坚强的意志力和积极的心，实现了自己的愿望。

青春心语坊

大凡有所成就的人士，都不会有顺风顺水的一生。不经历打击的人生就没有成就可言，而在打击中就此消沉的人，就只能听从命运的无情宣判。青少年尤其如此，在成长的过程中难免经历挫折和打击，心灵也会遭受不可预知的风霜雨雪的侵袭，在这段布满荆棘的路上，不管你所遭遇的是什么样的困难，面临的是怎样的险境，身陷多么泥泞的沼泽，消极只会令你的困难像滚雪球一样越滚越大，令你的境遇更加不堪，令你在沼泽中越沉越深，而积极的心则是你的救命草，只要紧紧地抓住，就会有意想不到的命运的转变，因为，只有在逆境中坚持乐观的人，才能发掘出自身真正的潜能，才能发现另外一个更加优秀的自己。

都说成功都是被逼出来的，那么，潜能同样也是被逼出来的，逆境给了你磨炼自己的机会，就像鹭鸟的妈妈狠心将自己的孩子推出鸟巢一样。据说，商家在孵豆芽时，往往是先把种子撒下去，然后再在上面盖上一层玻璃片之类的重物。大家很难理解，如此一来，种子要怎么发芽呢？其实，这也是同样的道理。当种子到了发芽的时候，就不得不顶破压力钻出头来，这样发出芽的种子会增加豆芽的强壮程度。

青少年朋友们千万不能小看了自己，身为人类的一员，你的潜能是无限的，困境为你提供了一个表现自己的机会，而这个"自己"很可能就是你从未发现的。

第三节　用积极心态暗示自己

• 积极暗示的作用

古时候，在一个居民部落里，有这样一个传统：年轻人想要结婚，先要学会一项本事——抓牛。抓来的牛送给女方家庭作为聘礼。聘礼最少是一头牛，最多是九头牛。一天，一个年轻人来到酋长家里，告诉酋长说："我愿意用九头牛作为聘礼，迎娶您的大女儿。"酋长以为自己听错了，因为在他看来，自己的大女儿太平庸了，根本就配不上这份贵重的聘礼，而自己的小女儿聪明美丽，这个年轻人一定是搞错了。于是酋长很诚恳地说："迎娶我的大女儿，一头牛就够了。你愿意用九头牛作为聘礼，那就迎娶我的小女儿吧！她才配得上你。"年轻人却坚持要娶他的大女儿。酋长无奈之下，只好同意了年轻人的要求。

大女儿出嫁一年后，一个偶然的机会，酋长来到大女婿的家里，恰好赶上一场热闹的聚会。酋长看到，很多人围在一起，痴迷地看着一个美貌的女子唱歌跳舞。他困惑地问道："这个美丽的女人是谁啊？"大女婿恭敬地回答说："她就是您的大女儿啊！"酋长简直不敢相信自己的眼睛。大女婿告诉他："您没有发现她的美丽和潜质，认为她只有一头牛的价值。而我相信她值九头牛，就以这样的价值来珍爱他。所以，她在我身边发生了脱胎换骨的变化，变成了我期待的样子。"

其实在青少年中也有类似的例子。希月从小就聪明可爱，就是不太爱说话。每次跟着爸妈走亲访友，希月喜欢一言不发地站着，冲眼前的人微笑，其实只要稍稍鼓励一下她，希月就会说出已经在嗓子眼的问候了，但爸妈有时候会为了自己的面子，还没等希月开口就向对方说："瞧这孩子，从小就不爱说话，害羞得很。"久而久之，希月就真的成了爸妈口中那个"从小就不爱说话，害羞得很"的孩子。后来读初中，希月很希望自己可以像别的女孩一样，下课和大家打成一片，放学和三三两两的同伴一起回家。可是希月似乎已经变成了一个不爱说话的内向女孩，每次都好想放开自己，放肆一回，但是那些关于"内向""不爱说话"的暗示都会在关键时刻站出来制止自己，希月为此很苦恼。人说性格是天生的，一旦形成就很难改变，希月自己其实很清楚，骨子里她是个开朗的女孩，却在不知不觉间成了现在的自己，如果自己可以突破这道心理暗示的防线，那么一切改变就会是顺其自然的了。

青春心语坊

可见心理暗示的作用是巨大的，既有积极的一面，也有消极的一面。相传在古代，塞浦路斯国王皮格马利翁对雕塑甚是痴迷，一次，他用象牙雕成了一个美轮美奂的少女，这尊雕塑很完美，皮格马利翁每天都会深情地望着它，想着她可以获得生命，然后成为他的妻子。他已经爱上了自己创造的这位少女。后来，他的深情感动了爱神阿佛洛狄忒，于是在爱神的帮助下，雕塑真的获得了生命，皮格马利翁的梦想终于变成了现实。

虽然只是一个传说故事，却深含哲理，结合生活中的一些现象，我们不难得知，心理暗示给人的影响是不可估量的，积极的心理暗示会比消极的批评更能激发出人的潜能。青少年在成长的过程中，需要时刻以积极的心理暗示自己，这样才能充分发挥出自己的潜质。为此，美国社会学学者华特·雷克特博士曾经做过这样一个实验：他从几所小学的六年级学生中找出表现截然不同的两组学生，作为实验研究的对象，一组表现很好，品行优良，学习成绩突出，另外一组学生言行不佳，学习成绩落后，并被大多数人认为是无药可救的学生。当然，是在大家都不知道的情况下，经过大约5年的跟踪调查，结果发现，第一组学生相信困难只是暂时的，并相信自己的潜能，他们以积极的心理暗示自己一定会有更加出色的表现；而第二组学生在遇到困难的时候，总是会觉得自己的境遇将会更加糟糕，觉得自己比不上别人，于是便放弃了努力。

因此，青少年需要相信自己，并且始终以积极的心态暗示自己，暗示什么、期待什么，便会收到什么样的结果。

第四节　撕下否定的标签

● 一则寓言里的道理

在一片森林里，有一只正在睡觉的狮子，肚子一鼓一鼓的，正睡得香甜。这时候一个路过的神仙看见了，产生了开个玩笑的念头。于是，神仙就在狮子的尾巴上拴上了一块写着"驴"的标签，旁边还有日期、编码以及圆形的公章和签名。他想等狮子醒来，看狮子看见了这个标签的反应。

不久，狮子醒来了，看见这个标签很是愤怒，但一方面也有不安——这样的标签，有编码、有日期、有公章，还有签名，一定是有来历的，难道自己真的是驴么？狮子很想撕下这个标签，但又害怕擅自撕下会有麻烦。于是狮子来到野兽中间，问道："我是狮子，对不对？"狐狸慢条斯理地说："是啊，您是狮子。但是，按照法律来看，您却是一头驴！""怎么会是驴？我从来不吃草的！"狮子急了，忙转向野猪询问。野猪不以为然地说："您有狮子的外表，但到底是不是狮子，我也说不清楚……"

狮子心中咯噔一下，看着一边的驴喝道："蠢驴！你快说说，我像你吗？我从来都没有像你们这些畜生一样在大棚里面睡过觉。"驴想了想，说："您虽然不像驴，可您现在似乎也不再是狮子了。"狮子再也承受不了打击，他仿佛一夜之间从天堂坠入了地狱，到处询问自己到底是谁，最后狮子果真觉得自己不是狮子了，失去了往日的威武和神采，也没有了昔日的蛮横。路上不管遇见谁，它都会很谦恭地让路并打招呼。

狮子最终变了样子，罪魁祸首其实并非神仙，而是它自己，因为不相信自己才会轻易相信别人给自己贴上的标签，即使自己也在疑惑却不敢面对自己的心，而是一再地向别人求证，求证不得就索性按照标签为人行事，从而改变了最初的自己。

青春心语坊

现实生活中，有多少人因为别人的评价而改变了自己呢？很多很多，其中最主要的原因还是不够相信自己。

一个梦想的追逐者，前行的过程中，如果不断地有人给他泼冷水，一遍又一遍地重复着说："你不行！你不行！"如果这个人悲观消极，很可能就会停下前进的脚步，然后在一遍又一遍的自我质疑中白白浪费了大好时光。但是如果这个人意志坚定，始终以一颗积极向上的心奋进，那么，不管别人给他贴上什么样的标签，他都会有足够的勇气撕下并用实践向他人证明。这或许就是成功者与失败者最大的区别了。

可见，想拥有一个积极的心态，相信自己是必需的，也是最基础的，如果连自己都不相信了，你还有什么资本在面临困境的时候保持一颗积极向上的乐观的心呢？青少年在成长的过程中也是如此，身处沙漠，只有心中坚定，才能在大漠中发现泉水，积极地看待一切困境，困境才会被你打败，否则，就是困境打败了你。

第五节　养成积极的习惯

● 玛格丽特的故事

20世纪的英国，有一个并不有名的小镇里住着一个不平凡的小姑娘，她就是玛格丽特。很小的时候，玛格丽特就接受了父亲严格的家庭教育，他说：不管做什么事情，都要尽力争取第一，永远走在别人的前面，千万不能落后于人。这样的要求对于一个小孩子来说，可能有点困难，但正是因为这样的一种要求促使玛格丽特养成了积极向上的习惯。后来无论她学习什么，从事什么样的工作，都始终保持着这种坚定的信念，并且在一次次的实践中，她发现自己确实具有这份实力，只要认真地做了，她都会取得不错的成绩。当然在偶尔遭遇挫折的时候，也就习惯性地用这种积极乐观的心告诫自己：要

谁说青春一定迷茫

挺住，你可以的！只要再努力一点点就够了。最终，她凭借自己坚强的毅力硬是在一年的时间内学完了五年的拉丁文课程。同时，她的学习成绩还依旧名列前茅。

不仅仅如此，多才多艺的玛格丽特，还在学校活动、演讲、体育、音乐等方面表现出极为傲人的才能，校长曾经评价玛格丽特说："建校以来，玛格丽特无疑是我所见过的最为优秀的学生，她的雄心促使她做的每一件事都那么的出色。"

于是，40年之后，英国乃至整个欧洲的政坛上便顺理成章地出现了一颗耀眼的巨星——连续四届当选为保守党领袖、1979年担任英国首位女首相，成为"铁娘子"撒切尔夫人。

青春心语坊

每个人身上都有其独特的亮点，但最主要的相通点就是，每个获得成就的人都有一颗积极的心。从撒切尔夫人的事例中，我们不难看出，积极心的养成其实是一种习惯，她其实并不是一朝一夕就可以得到的，也不是你想什么时候有，它就在什么时候出现，如果是那样，就很难做到。如果积极变成了一种习惯，你会发现，其实生活中很多事情都可以做到很完美很优秀，最起码是在自己能力极限之内的。

积极的心，活跃了思维，激发了潜能，坚定了必胜的信念，这股力量一直在促使着你前进，永不停息。撒切尔夫人为什么总能出色地完成每一件事情？就是因为她相信自己可以，积极的心态促使她发挥出骨子最优质的潜能。

青少年朋友们，假如你也是平凡的一员，身世平常，很多时候也会遭遇不幸和挫折，但无论如何请你养成积极的习惯，因为终有一天你会深刻体会到它的价值，当你最需要它的时候，就不用很费劲地去努力寻找了，而且，一旦拥有了它，将会是你一生的宝贵财富。同时，你也会发现，纵使过往的路途很坎坷，但是脚下的路已经在开始慢慢变宽，你所面临的困境也不再那么巨大了。

第六节 积极心的速成法

● 阿立的目标

阿立今年18岁，和很多正在读高中的学生不同的是，阿立选择在暑假期间去打工。这年的暑假，他来到一家保险公司做出售保险单的销售员，短短两周的培训时间，让阿立学到了不少东西。在工作期间，他不断地熟读和温习卡耐基自我激励性的名言警句，以此来调整自己的心态。当一段销售经历结束之后，他为自己设立了一个目标，那就是获奖。而想要获奖并非易事，按照规定，必须要在一周内销售出一百份保险单才可以。

这对一个新来不久的销售员来说是个有点难度的目标，在阿立那里却丝毫不成问题，在那周即将结束的周五的晚上，他已经成功售出了80份保险单，距离目标还有20份，要在两天内完成，这是阿立给自己的命令，并下定决心：谁也不能阻止我完成目标。

可是从周五晚上一直到周六下午3点，他没能完成一笔交易，阿立并没有消极，而是温习起卡耐基的名言警句来，并认为，问题可能出现在"销售员的销售态度"上，而并非"销售员的希望"。而后，5点左右，阿立成功完成了3笔交易。他暗暗想：只要心中有想要的和相信的，就一定能够以积极的心态获取它们。接着便继续开始工作，并在心里一直默念卡耐基激励性的警句，就是在那天夜里的11点钟，阿立的身体已经万分疲惫了，心却是快乐的，因为就在这段时间里，他完成了自己的目标。

后来，阿立如愿以偿地获得了奖励，同时，他也用自己的实践证明：只要心中有积极的信念，就有获得最终成功的可能。

青春心语坊

每一个目标都有其价值,每一个梦想都有其生成的理由,每一个人也都有其生存的价值。阿立完成了他的目标,这其实并不仅仅是一个目标,更是一种在目标前的态度,这是一股不可阻挡的力量,心里想什么就一定会获得什么,只要有这股力量牵引,而这力量便是积极向上的心态。

积极心态的练就,或许每个人都有自己的一套方法,有的人始终谨记一句话,甚至可以作为他一辈子的座右铭;有的人则需要他人的激励,在心理上获得满足才能获取积极向上的力量;还有的人,就像阿立,使用名人的励志名言来一遍又一遍地激励自己……不管使用的方式是什么,最终的目的都是要鼓励自己重新树立起自信心,并积极面对现状,这样才能改变现状,使心里所期待的、所相信的成为最终拥有的。它可以指引一个人达到任何一个他想要达到的正当目标。

第七节　以积极心面对挫折的打击

●亚伯拉罕·林肯的一生

林肯的一生都在遭受挫折,但他最终还是以自己的努力进入了白宫,而在这之前,他几乎无时无刻不在承受打击和挫折。

1809年,林肯出生在荒野上一间极为简陋的小屋里;

1816年,还不到7岁的他,就被家人无情地赶出了家门;

两年之后,母亲去世,年仅9岁的林肯就品尝到了丧母之痛;

22岁林肯承受了经商失败的打击;

23岁的林肯参加了竞选州议员,但不幸落选,同时进入法学院学习法律的愿望也落空了,并因此又丢了工作;

第二年,他向朋友借钱重新经商,开办了自己的企业,但一年不到,企业就倒闭了，负债累累的林肯用了 16 年的时间才还清这份债务；

1834 年，林肯并没有被这一系列的打击所击倒，而是再次燃起了前进的希望，这年，他再次竞选州议员，终于成功当选，同时也有了自己的爱情；

次年，林肯与未婚妻即将结婚，不幸却发生了，未婚妻在婚前病逝，这给了林肯极大的打击，之后精神完全崩溃，卧病在床 6 个月之久；

29 岁那年，重新振作起来的林肯争取成为州议员的发言人，但没有成功；

34 岁时，参加众议员选举，再次失败而归；

37 岁时，再次参加众议员选举并成功当选，而后前往华盛顿特区，表现突出；

39 岁时，寻求众议员选举连任，失败；

40 岁时，被拒绝在自己所在州内担任土地局长；

45 岁时，竞选参议员落选；

47 岁时，在共和党全国代表大会上，争取副总统提名，结果票数不足 100；

49 岁时，又一次参选参议员，还是落选了；

51 岁时，林肯终于成功当选美国总统；

55 岁时，林肯连任美国总统；

56 岁时，内战结束，林肯被枪杀。

青春心语坊

一生几乎都在遭受打击的林肯，却从来都没有放弃过，一次次的尝试，一次次的失败，成功少得可怜，若是一般的人，谁能做到？恐怕大多数人早就认为，是命运注定了自己会失败，会一生无所成，如果林肯亦是如此，恐怕美国的历史将要被改写了。

林肯的故事给我们的启示是：成功并不是一开始就有的，也不是人人可以轻易拥有的，只有承受得起打击与挫折的人，才有机会。而这样的人，无一例外都拥有一股积极向上的力量，在挫折和打击面前，始终积极向上的人会取得最终的成功。

其实，最容易使人疲惫的往往不是道路的遥远，而是前行者的心已不再前进;最容易使人颓废下去的不是前路的坎坷不平,而是前行者自信心的丧失;最容易使人感到绝望的往往也不是挫折的打击,而是前行者不能有一颗积极向上、永不言败的心。

青少年朋友更要在失败和挫折面前坚持不懈,不要轻易就放弃。困难是成长路上不可避免的一道道坎,跨过去就是平坦的大道。很多青少年在面对困难的时候,往往很容易就泄气了,认为自己不行了,于是就再也不愿努力,这样是永远都不会有所作为的。记住,在挫折与打击面前,你强,它们就弱;你弱,它们就强,很多困难其实都只是表面现象而已,只要你再努力一点,再尝试前进一步,或许很快就会发现,原来它们也不过如此。

第八节　积极的思维态度将决定你的人生高度

●积极心改变思维

众所周知的日本发行量最大的娱乐型杂志《名流》,它的创办者直彦井从小就梦想拥有一家属于自己的杂志社。因为始终不忘这个梦想,促使他在生活中不断地积累经验,即使是一些在他人看来微不足道的机会,直彦井都不会放过,同时也为自己修成了一颗积极、坚强的心。

一个偶然的机会,他去参加朋友的聚会,在聚会上他看见一个人打开了一盒烟,然后从烟盒里掉出来一张纸,那人随手将这张看起来没用的纸扔在了地上。依照直彦井一直以来的习惯,那张纸便被他捡起来了,仔细一看,才发现那上面是一个女星的头像,下面还印有一行小字,直彦井立即就明白了,这是烟草公司做的一个活动,要求购买者集齐一套照片,便可以参加促销活动。直彦井若有所思,翻开背面,却是一片空白。于是他想:假如充分利用这张纸,在背面印上关于照片人物的简介,岂不更加具有收藏的价值?

后来,直彦井毫不犹豫地去找负责印刷该种纸烟照片的平板画的公司,并向该公司的经理说明了自己的想法,没想到,经理立即就说:"那就请你为我写一百篇名人的传记吧,每篇我付你100日元。"

这就是直彦井最早的写作任务,那次之后,要求他写作的订单不断增加,以至于他一个人根本就忙不过来,不得不聘请人帮忙。没过多久,直彦井就请了5个新闻记者协助自己,并且这支队伍渐渐壮大,直彦井就这样很快成为著名的编辑,并最终开办起了自己的杂志社。

青春心语坊

由直彦井的例子可以看出,积极的心态促使一个人的思维变得活跃起来,随时随处发现通往成功的机会。可见,一个人的积极心决定了他的思维方式,而思维方式则决定了他的人生高度。成功与失败的最大区别恐怕就是:成功的人总是用积极的思考方式看待问题,而失败的人则总是消极地处理麻烦;乐观的精神和富有的经验支撑着成功的人走向了成功,而相反,过往的种种挫折和打击以及考虑问题的忧虑,支配了失败者的一生。

积极的态度在很大程度上助长了潜能的发挥,而消极的态度则阻止了成功。青少年朋友需要谨记的是,你对生活是什么样的态度,生活反过来也会以什么样的态度对待你,就好像是一面镜子;积极的心态决定了你运用怎样的思维去思考问题,而这也恰恰是迈向成功的一个关键步骤。

很多人都说,我们自身所处的心理环境、精神世界等都是由我们自己的态度来决定的,积极的时候就是美好的,也是定位人生的最佳时期。虽然不能说,只要有了积极的思维就一定可以保证你走向成功,但最起码,它可以改善一个人的日常生活心境。

马尔比·D·巴布科克曾经说:"最常见同时也是代价最高昂的一个错误,就是认为成功依赖于某种天才、某种魔力、某些我们不具备的东西。"但是,应该知道的是,成功的基本要素其实就掌握在我们自己的手中,它是正确思维的结果。想看一个人能够飞得多高,并非看他的其他因素,而是要看他自己所持的态度。

成长篇

小时候，我们急着长大，拼命向往未来，长大后竟发现还是童年最无瑕，读书时梦想工作后自己养活自己，而工作了以后才发现还是纯洁的校园最美丽，没有得到时羡慕，得到后又觉得也不过如此，身在避风的港湾觉得受束缚，出去后却到处寻找一块可以让自己歇息的港口……我们一路向前，生命在得到与失去中顿悟，唯有珍惜眼前的拥有，生命才会少点悔恨。

第一章　青春心境：渴望破茧成蝶

随着自我意识的渐渐苏醒，青少年朋友们难免在心中产生一种想要长大的冲动，他们认为在成人的世界里，一切都是美好的，并且表现出空前的向往。这时候性格中的不良因子就开始蠢蠢欲动了，对外面世界的好奇与渴望，对年少时代一去不复返的无限怅然；在逝去年华和未知的将来前表现出的矛盾心态；面对诱惑，心灵的挣扎，却终究选择叛逆的青少年，该怎样看待这一切呢？心理上的偏激倾向要如何纠正呢？青少年要怎样为自己寻找到一片洁净的心灵空间，健康自由地享受当下？

第一节　那片天空很蓝

● 外面的世界很精彩

"姐姐，带我出去吧，我不想读书了。"弟弟央求着，姐姐正在整理出门的行李，根本就没时间抬起头来。她对弟弟的话感到厌烦，每次回家，走之前，他都会说同样的话。而每次姐姐都是重重地关好门，对门内的弟弟说："弟弟，好好读书，姐姐下次回来给你买×××啊！"晓峰每次这样看着姐姐来来又去去，心里充满了羡慕，或许姐姐还不知道，她已经在晓峰的心里埋下了一颗种子，他每天都在期待着种子的发芽，但是现实中，春天却迟迟不肯来。晓峰很爱那首歌，每次都会默默吟唱"在很久很久以前，你拥有我，我拥有你；在很久很久以前，你离开我，到远空翱翔。外面的世界很精彩，

谁说青春一定迷茫

外面的世界很无奈……"齐秦那低低的近乎沧桑的声音，总是会让晓峰陷入无限的遐想之中。每次姐姐回来，他都会觉得姐姐带回的是希望，是一股全新的空气，这是家里所没有的，他会抓着姐姐的胳膊，央求姐姐给他说外面的趣闻轶事，以及姐姐开心的、不开心的经历，这一切对15岁的晓峰来说，就像是一块吸引力极强的磁铁，吸引着他的心。

于是，晓峰上课时总是心不在焉，书本的东西无法吸引他，他的眼睛一直看着窗外。那些自由自在的小鸟多幸福呀，姐姐现在就是那自由的小鸟，想飞多远就飞多远，不会再受到爸妈的管束，更不会再有老师无休止的家庭作业。一想到外面的世界，晓峰就觉得眼前是明亮的，而一想起学习以及作业，他便痛苦得想要死去。他想知道，外面的世界究竟是什么样子，书本上关于外面世界的描述、姐姐从外面带回的关于城市的气味、电视上那些美丽的辉煌的灯火、电影上那急速前行中的火车……无时无刻不在牵着晓峰的心一直一直向着远方，他根本就无心学习了。

青春心语坊

青春是一声声美丽的召唤，每天你都在成长，都在慢慢长大。发现身体出现异样的时候，你也恐慌过；碰见异性的眼光时，你也心动过；感到生活枯燥乏味时，你便寄希望于遥远的未来。那未知的一切不管是不是真的犹如大家描述的那般美好，都已成为你心中蠢蠢欲动、跃跃欲试的梦想。青春期的少年，有一颗充满好奇的心，一切都是吸引力，一切未知的都是美好的，恨不得马上就飞往未来去瞧瞧那美好的世界。

然而孩子们，你们之所以好奇，之所以充满向往，是因为未知。古往今来，未知造就了多少奇迹，但未知也毁灭了太多本该拥有的美好。时间是不等人的，当你沉浸在对未知的幻想中的时候，时间正在一点一滴地流逝，留给你的是回忆以及那永远也无法回到的过去。很多人在成年后后悔，后悔当初没有怎样怎样，或者慨叹，要是时光可以倒流该多好！正处于这个阶段的你们，其实是最幸福的这是你们为了以后的飞翔而储存能量的时候，是你们为了得到最想要的而打好基础的时期，待到羽翼丰满、翅膀变硬的那天，才是你们飞向前方的适当时期，否则，只会在半路无功而返。

你们迟早要出去独自面对外面的世界，去创造一片真正属于自己的天空，那时候，你就会一点点地运用起你们今天所得到的知识，为了到那个时候能够得心应手，为了那个时候不会"囊中羞涩"，从现在开始就要好好为自己储备知识，只有准备充分了才有能力在外面的世界坚强挺立，否则，你不仅会浪费了青春，还会埋葬了自己的梦想。每个人一生的时间，都是被上帝安排好的，不要急着前行，因为你还没有足够的资本。

小时候，我们急着长大，拼命向往未来，长大后竟发现还是童年最无瑕，读书时梦想工作后自己养活自己，而工作了以后才发现还是纯洁的校园最美丽，没有得到时羡慕，得到后又觉得也不过如此，身在避风的港湾觉得受束缚，出去后却到处寻找一块可以让自己歇息的港口……我们一路向前，生命在得到与失去中顿悟，唯有珍惜眼前的拥有，生命才会少点悔恨。

第二节　天使告别年少

• 你该醒醒了

思祎是个乖巧懂事的孩子，对于同龄人来说，算得上是妈妈的骄傲了。但是就在昨天下午，她辜负了妈妈。

阳光很灿烂，思祎在姑姑的书房里看小人书，看着这些久违的东西，思祎的心里涌起了千层浪，这些也是她小的时候读过的书，但是现在妈妈已经不让她看了。于是一个想法与决定在她的心里出现并将它付诸实践了。

思祎称自己要回家做作业了，慢慢走过去向姑姑道别，并已经迈开了走向大门的脚步。但是姑姑叫住了她："思祎，记得看完后再送回来。"思祎的脸一下子变得绯红，慌张地看着姑姑。但姑姑面无表情，这使她更加害怕了，站在原地不知所措。这时候，姑姑起身走到她的面前，"告诉我，已经第几次了？"语气异常平静。思祎呆立着，"第一次。""给你两个选择，第一，要么现在就把书放回原位，要么回家把实情告诉你的母亲，然后看完书后，自己还回来。"两分钟的沉默后，思祎毅然掏出了小人书并走回去放到了原处。

谁说青春一定迷茫

夜里，思祎做了一个梦，梦中的她在拿完小人书准备离开时被当场抓住，老板称她偷了店里的钱并叫来了警察，警察在她的上衣口袋里搜出了一打很厚的红色钞票，但是思祎记得，她拿的分明是小人书，不是钱！但是证据就在警察叔叔的手里，思祎百口莫辩，心里满满的委屈，眼泪哗哗地落了下来，羞愧难当。后来妈妈来了，怀里抱着一堆白色的不知道是什么的东西，然后扔给思祎，说："你该醒醒了！"然后就头也不回地走了。"你该醒醒了！你该醒醒了！……"这句话一直萦绕在思祎的耳边，从梦里醒来时，思祎抓着被子，眼泪已经浸湿了枕头。旁边正是过来叫她起床的妈妈，脸上带着清晨特有的温暖笑容，"思祎，该醒醒了，早饭都做好了"。眼前的妈妈和蔼亲切，和那梦里无情地舍弃自己的女人根本就是两个人，如果妈妈知道自己做过的事情，会不会变成梦里的样子，思祎不敢想。

起床，洗漱，吃完早餐，思祎去了姑姑家，十分诚恳地对姑姑说自己知道错了，昨晚做了一整夜的噩梦，并发誓再也不会做这样的事情，但是这件事不想让妈妈知道，她会用行动证明自己说过的话。姑姑笑了，"知错改错，还是好孩子，但是思祎，你真的该长大了！"

是啊，小人书对思祎来说或许是童年的回忆，是还没长大的孩子沉浸的理想世界，可是长大后的世界是残酷的，每个人都要学着自己长大，并独自勇敢地面对小人书之外的世界。

青春心语坊

青春年少的你们，正处在告别年少、迈向成年的过渡阶段，内心既渴望长大，又对年少时光充满怀念和追忆，或者还有一些孩子不知所措，徘徊在成长的十字路口，无法找到明确的方向。在这个过程中，内心的挣扎和冲动会导致行为上的偏差，意志力不够强大的你们，往往分不清楚真善美、假丑恶，如果能知错就改，善莫大焉。

相信在更多孩子的心里，不仅仅是小人书，还有漫画书、游戏机等，这些带着童年味道的东西总有那么些独有的美好。但随着年龄的增长，青少年在心理和思想认识上已经不同于以往，这段时期正是品质和个人素质培养和提升的重要阶段，强大的自制力是避免和丢弃不良心理和行为的关键。及时的自我勉励是自制力形成的基础，从小事做起，脚踏实地，一步一个脚印，不断自我解剖，提高认识，促进心灵的成长，才不会在成长的路上走上弯路。

著名哲学家黑格尔说过："一切想在事业上有大成就的人，他必须如歌德所说的知道限制自己"，良好的自制力不是一朝一夕就可以养成的，心却可以在一瞬间感觉到震动，当某种感觉进入骨髓，形成灵魂的震撼，不管是委屈、耻辱，还是喜悦、鼓舞，每一种来自外界的刺激都是你成长的一块砖，一块一块便会累积成一座坚韧的心的大厦，每一种优秀的品质背后都有一段催人奋起的艰辛的心理历程。正如文中所说的，"你该醒醒了！不再是小孩子了！"从现在起就要从心理上成熟起来，走出童话的城堡，步入现实的社会，学会与他人相处，学会面对和处理事情，在心里播种下"好习惯"和"好行为"的种子，终有一天你会感激，那些曾给过你委屈和难堪的、那些在前进的路上绊倒你的人与事。

第三节　我们的花季雨季

● 十八岁女孩写给自己的一封信

嗨，你好，小大人！再过十一个月零七天，你就要十九岁了，多想看看未来的自己会是什么样，但还是很舍不得以前那个无忧无虑的自己吧？你的烦恼，会随着年龄的增加而增加么？还是会越来越明朗？其实你一点都不知道，但是还是很向往。

讨厌山一般的作业，压得你喘不过气来，你会莫名其妙地想哭，希望有一个只属于自己的角落，然后尽情地挥洒眼泪，想着这样的日子什么时候才是个尽头，但又会在下一秒忽而开心地笑出来，镜子里的自己脸蛋上的泪痕都没干。

看见一件花衣裳，你就喜欢得不得了，为了能够穿在自己的身上，向爸爸妈妈撒娇，甜言蜜语，黏黏糊糊，直到他们笑着点头；有时候也会为了一些小事，固执地想要维护自己的尊严，死都不肯低头。有女孩特有的温顺，

谁说青春一定迷茫

也有男孩一般的野性，渐渐喜欢上了冒险，期待外面的世界，走出这个小小的家。老师说大学是一个小社会，所以你总是期待这个小世界里的一切，还幻想着最好可以在那里遇见自己的王子，嘻嘻。

记得那天在校园的操场上，你看见一个高高瘦瘦的帅气背影，心里就默默地想：以后一定要找个这样的男生做男朋友。不经意间，那个身影回过头来，四目在一瞬间相汇，你便羞红了脸，赶紧避开了眼睛，假装看向别处。其实心里的小兔早就怦怦地跳个不停了，后来还被同桌嘲笑。

不知道从哪天开始，你便开始关注起自己的衣柜，一件件拿出来看，觉得这也不好看，那也不好看，头发上没有颜色鲜艳的缎带，更可气的是，脸上居然还有挤不完的痘痘，真是要命！觉得自己就像是一个灰姑娘似的，什么时候才可以变成白雪公主呢？

渐渐地你也发现，在这个世界上除了亲情，还有一种感情也是坚不可摧的，那就是友情。好朋友随叫随到，真是快乐，很多不能和妈妈说的话，都可以和她们说，有时候也会感慨，人生得一知己足矣！

但是不知道从什么时候起，你开始一个人呆呆地坐着，再也不喜欢和大家打打闹闹了，朋友、家人的一句话会让你想很久，那么敏感那么多愁善感起来，感觉自己有太多的缺点，在生人面前总是羞于表现自己，总是很难主动去接近和迎合别人，不确定别人是否喜欢你，因此，你也错失了很多结交朋友的机会。与之相比起来，你反而更愿意陷入幻想之中，你对爱情的渴望空前强烈，你想知道怎样的感觉是恋爱，你想去爱一个人，但是你还不知道该怎样去爱，你还没有恋爱的经历，于是你渐渐喜欢上了文字和诗歌，就像现在这样，将满心的思绪都化作文字。

青春心语坊

雨季少女的心是这么敏感而善良，小小的心似乎总是装着一个大大的世界，每一天每一秒，都在成长，不经意间就会从心灵的最深处发出一声声关于青春的呼唤。青春是美丽的，青春是热切的，青春是无拘无束的，青春更是饱含欢笑与泪水的，这时候，对爱的渴求是那么热烈。亲情之爱，友情之爱，爱情之爱，无不让你充满期待，同时也有满满的失落。在爱中接受洗礼，也在爱中找到心灵的灯塔，渴望航行到很远很远的远方，去寻找未知的自己。

　　害怕受伤，也不愿去伤害别人，青春的心是脆弱的，也是善良的，自我意识的逐渐苏醒，让你开始在意自身的缺陷，情感变得敏感而脆弱，某些时候你以为你长大了，但是有些时候你又开始迷糊，不是小孩子了，但也不是一个大人，处在这样一个尴尬的年龄上，太多的矛盾和挣扎，太多模糊不清的期待和幻想，世界是美好的，社会是奇妙的，爱会欢喜，爱也会受伤，时而孤独，时而充实，这就是青少年的心，尤其是一个女孩的心。在这个时候就像是一只蝴蝶，翩翩起舞在彩色的花海，稍不留心翅膀就会被露水打湿。

　　过往的岁月已经逝去，未来还不见倩影，只有现在还在手里。不管曾经的自己是什么样，也别管未来的自己会得到什么失去什么，只要做好你的现在，成长就在眼前，终会有那么一天，你会向全世界呼喊："我来了！我终于长大了！"

第四节　上网是为了什么

● 一则关于网瘾少年的报道

　　记者昨日采访了网瘾少年小康，躺在病床上的小康表情痛苦，一边的妈妈眼角的泪水还没有干。翻看19岁小康的人生轨迹，大家被真相所震撼，父母离异，妈妈整日忙于工作挣钱，个人自我控制力不强，面临高考的压力，小康在游戏的世界里找到了自我安慰。

　　今年19岁的小康，原本是××高中的一名中学生，年后就要参加一年一度的高考了，学习虽然不是很靠前，但是以他的成绩考上一所普通大学是不成问题的。但是在学习的高压下，偶然的一次机会，小康和当时的室友一起去了趟网吧，网络世界彻底让平日里精神紧绷的小康放松了下来，他终于知道，原来还有这样一个美好的世界。尤其是通过网络，小康看到了一个全新的世界，那正是他所向往的，外面的世界也尽收眼底，这不仅让他暂时忘记了烦恼，还让他寻找到了一个完美的世界。

谁说青春一定迷茫

从此以后,他就经常和室友一起去网吧,有时候室友不去,他也会自己一个人往网吧里钻,一坐就是好几个小时,然后是半天,最后就是一整天。班主任一连好几天在早课点名时发现,小康不是迟到就是不在。后来经了解才知道,原来是小康迷上了网络。几次谈话之后,不但没有起到作用,还引起了小康的逆反心理。小康索性整日整夜泡在网吧,沉浸在网络游戏的世界里。班主任最后联系到了小康的妈妈,当时正在单位忙着工作的妈妈才知道为什么最近小康连周末都不回家了。知情后的妈妈虽然急在心里,但是工作的繁忙让这件事耽误了一天又一天,再加上小康平时并不回家,妈妈没有与小康进行及时的沟通。当老师的第二个电话打给妈妈时,她这才意识到问题的严重性。但是当天晚上,她就接到了当地医院的电话,电话里医生说孩子在网吧昏迷不醒,被好心人送进了医院。

妈妈到场后十分自责,因为自己的工作,疏于对孩子的管教,和爱人离婚后自己只一心想着多挣钱,供孩子读大学,没想到会造成今天的局面。

青春心语坊

可以说,每一个网瘾青少年的背后都有一个问题家庭以及来自问题家庭的不完整教育。虽然说造成网瘾的原因是多方面的,除了孩子本人的因素之外,家庭是关键。小康有一个离异家庭,没有爸爸的威严教育,又缺少妈妈的细心照料,本身心灵上的创伤就难以抚平,再加上学习上的压力,以及对外界事物的好奇心理,小康自然而然地选择了网络这处精神避难所。

家庭的变故对小康的心理造成了一定程度的影响,长期以来和父母交流甚少,内心产生叛逆情绪,正处于青少年时期的孩子的心是极其敏感的,得不到安全感和家人足够的关爱,网络成为可以产生成就感的地方;小康正面临高考的压力,但他的成绩只能考一所很普通的大学,这与妈妈对他的期望相差甚远,高强度的学习压力造成他在理想与现实之间的差距,网络同样可以使他暂时找到所谓的成就感;再加上正处于青少年时期的小康对外界充满了向往与好奇,于是网络也同样给了他一个认识美好世界的机会,大千世界里的一切对小康来说是吸引也是诱惑。

而小康的事例也在提醒我们广大青少年朋友及其家长,加强两代人之间的沟通与交流刻不容缓,网瘾少年亟需家长的疏导和教育,孩子的精神在这一阶段是脆弱的,真正可以成为其精神港湾的不应该是网络,而是家。一方面家长要及时发现孩子的问题并想办法解决问题,孩子也应该主动向家长敞开心扉,这样才能打开心结,不至于造成严重的后果,适当的教育方式是关键。戒除网瘾并不代表再也不上网,毕竟网络也是联系外界的纽带,但是要适当适量,正确认识到网络的利与弊,提高自我认知意识,培养广泛的兴趣爱好,缓解精神压力和挫折,并不只有网络才可以提供精神寄托。

第五节　走出去,你也很优秀

● 娜娜的聚会

再过几天就是好朋友雨薇十八岁的生日了,几个好朋友在一起商量要怎样给雨薇一个惊喜。娜娜在一边没说话,但她已经想好了,雨薇一直都很喜欢今年刚出的一款棉绒手套,粉粉嫩嫩的也很适合她,就送她这个好了,但是至于她的生日派对,娜娜想自己还是不去了,一直都不喜欢那样的场合,一见到生人,心里就慌慌的。说不定要在生日聚会上碰见什么人呢,娜娜也不敢多想。

其实娜娜原本就是一个不爱说话的女孩子,性格恬静,不善交流,而且上次,同桌说娜娜的脸怎么不像以前那么光滑了,还有好几颗痘痘趴在额头上,娜娜便开始每天照镜子,还梳了刘海,希望刘海可以遮住点痘痘。娜娜从此变得越发不自信了,很害怕被人观察,就连被老师叫起来读课文也显得不自在。她总有一种想法,就是把自己紧紧地包起来,那样就不会被发现被关注了。

雨薇在生日那天还特意打电话邀请娜娜参加生日聚会,但是娜娜拒绝了。为此,雨薇和娜娜闹了一个多星期的别扭。后来,妈妈得知了这件事情,细心地开导娜娜,还把自己在这个年龄段的经历说给了女儿听,"那时我还不如你呢,满脸的痘痘不说,还有肥嘟嘟的脸颊,看上去其实一点都不好看,但

谁说青春一定迷茫

那时是你姥姥鼓励我，并陪着我走上了演讲台。"娜娜微微笑着，心想，原来这么漂亮的妈妈曾经也是只丑小鸭。"知道吗？娜娜，当时台下有几十双眼睛，但是有一双就是在当时彻底走进了我的生命。"娜娜好奇地扑闪着眼睛"您说的是……""那是你爸爸的眼睛。当时我们都被彼此吸引了，但我们都没说。直到后来，我们在大学相遇，从此就再也没有分开过。"娜娜的心在瞬间充满了美好的向往，"其实只要大胆地战胜自己，就没有什么是不可能的。女孩子在青春期其实是最美丽的，是含苞待放的花朵，浪费了就不再有了。"

没多久，在娜娜十八岁生日当天，好朋友和同学们都纷纷接受了娜娜的邀请，前来参加娜娜的生日聚会，这一天的娜娜显得格外娇羞，但也分外自信，她拉着好友雨薇的手，两人共同演唱了一首《朋友》，这首因缺席而未能在雨薇生日那天献上的歌曲。

青春心语坊

生活在这个世界上，谁都避免不了接触外界，走上社会之后，你会发现，良好的沟通和交际能力是何等的重要！

十九岁的女孩子是含苞待放的花朵，娇羞而可爱，即将步入另一个年龄阶段，却往往因为内向或不自信而不善交流，尤其是在公共场合。娜娜就是如此，这其实是一种轻度社交恐惧症的表现——不想成为焦点，感觉一旦被关注就很慌张，很不自在，恨不得将自己藏起来。担心自己一个微小的动作就会引起别人的关注；担心别人会挑自己的毛病，并当作笑柄；似乎自己每一个细小的动作都被暴露在光天化日之下，内心紧张、焦虑，甚至恐惧。

而实际上，别人并不一定就会这么留意你，因为每个人其实都有或多或少的自恋倾向，他们关注的多半是自己，正如你一直在关注着自我世界一样。因此，这种担忧只会给自己徒增烦恼和不安。如果你认为自己不出众，那就索性将自己的想法放至最低点，想着：像我这样一点都不出众的人，别人怎么会关注我呢？没有人在看我，没有人在意我，我只做好我自己。如此一来，或许会缓解不少紧张焦虑的心情。

另外，青少年还应和父母多沟通，建立良好的交流关系，和朋友多谈心，寻找自身的优缺点，不要把眼光只放在自己身上，狭隘地以自我为焦点，也很容易忽视了别人，陷入自己的思想障碍不能自拔。父母这方面也要积极以身说法，引导孩子走出自己的小小世界，告诉他/她：孩子，走出去，其实你也很优秀。

第六节　年年与天使

● 远走的亲人

这一年年年十六岁，正在读初三。初三的日子紧张而充实，还有四个多月就要参加中考了，年年的梦想是考上市区重点高中，这样也就不辜负奶奶和爸爸的愿望了。然而一个周末却狠狠地改变了这一切，那天年年接到爸爸的电话，说奶奶住院了。年年赶来的时候，奶奶已经不能说话，爸爸告诉年年说，奶奶是脑溢血。年年看着躺在病床上的奶奶，眼泪哗哗地往下掉，她大声地喊着，希望奶奶可以听见她的话，然后奇迹般地醒过来，然而回应她的只有奶奶沉静的面庞。年年知道眼前的这个亲人再也不可能和她说话了，她将永远地失去奶奶，这个至亲至爱的亲人。出殡的那天，年年哭到昏倒，妈妈把她抱回去，醒来后，她又开始到处寻找奶奶。接下来好长一段时间，年年都在想，曾经答应过奶奶的事情，她一件都还没为奶奶做，她老人家就这样走了，年年满心的遗憾和伤感。那年的中考，年年没有参加，极度的悲伤与思念，带走了年年的快乐和学习的动力。

● 遥寄思念

没有参加中考的年年，第二年复读了。走出悲伤后，年年决定完成曾经的梦想，后来在不断的努力下，年年如愿以偿。在复读的那年，一直有一个人寄给年年信笺，每次信笺里面都有一张写满祝福和思念的贺卡，署名却是空白，年年更无从回信。信中的那个人一直在鼓励年年好好生活、好好学习。年年从此便带着对奶奶的思念和对"天使"的感激与美好幻想，幸福而充实地过完了初三复读的一整年。

谁说青春一定迷茫

走进市重点高中的那天，年年淌下了眼泪，她知道或许"天使"就在身边，那是奶奶从天堂派来的天使，怕年年太孤单。那年的圣诞，年年收到了"天使"的贺卡，这是间断了好几个月后的信笺。打开封口的时候，年年的心跳得空前地厉害，她的期待里其实满载着担忧，她害怕"天使"会和她说再见，害怕这已成习惯的牵挂忽然消失，或者再没权利牵挂。摊开卡片的瞬间，年年惊呆了，卡片上的署名是她再也熟悉不过的名字，这正是十六岁时年年的秘密心事。某一刹那，年年觉得这世间或许再也没有比这更美好的事了，自己暗恋的男生，居然也同自己一样暗恋了自己这么久。

年年重新快乐了起来，她相信是奶奶将他带到了自己的身边。这是怎样的一种爱，怎样的一种思念啊！年年和"天使"约定，高中期间不恋爱，彼此做学习上的伙伴，将来他们要以优秀的成绩读同一所大学。年年笑了，笑得好开心，"天使"静静地守护着，仿佛年年的奶奶就在身边。

青春心语坊

青少年的心如水般清澈，如水般简单透明，承受不了太重的打击，背不动太多的负担。对于亲人的离去往往接受不了现实，想不明白为什么会这样，残酷的事实为一直以为的美好画上了休止符，快乐被轻而易举地夺走，从此难以走出心灵的阴影。其实，这是每个在成长中的青少年都需要面对的，即使一些还没有经历过失去亲人的痛苦的青少年迟早也要面对，可以说，这是每个人都需要面对的现实的一种。

事实上，生老病死是人世间的自然规律，来世间走上一遭然后离开，这是谁也避免不了的结局。也就是说，每个人来到这个世上最终的归宿都是死亡和消失。生活是美好的，很多人也在上路之时都会难以割舍对亲人对生活的牵挂，亲人含泪相送，泪水可以洗尽纤尘污垢，再现真诚纯美的人性。然而，也有很多人说，过度的泪水只会让上路的人走得不安，虽然有几分迷信的色彩，但也未尝不可拿来作为自我安慰的理由，亲人的牵挂会像一根根线绳，牵绊着远行的人，即使是在天堂，他们也不会开心地生活。

试想，只有生命的完结，才有新生命的诞生，不要偏执地以为，你就是不许××离开，要知道很多都是自然现象，是不以人的意志为转移的，你只有乐观地面对，笑着祝福远走的人，拥有全新的幸福生活，你才会得到心灵的解脱，离去的人也才能安心。

在这个时候，还需要一份感情的寄托，一种积极向上的力量给你勇敢面对的意志，经历过悲痛，你就成长了一次，接受痛苦的洗礼，你才会变得更加成熟和坚强，也是为你今后的生活打下了基础。人生，总会有一道又一道坎要跨过，一条又一条坎坷不平的路途需要走，你怎么可能留得住身边每一个人每一件事，所有的美好都不会是永恒不变的，需要你不断地努力和长大，会有更多的美好等着你去拥有，要相信那些离你而去的人与事。正是他们的离开，才教会了你珍惜，教会了你勇敢和坚强，教会了你品尝痛苦，这样的人生成长礼，你若敢于接受，才不枉费一番苦心。

第二章　心灵鸡汤一饮而尽

如何迎接成长？假如生活给你的并不是你所期望的，你要如何面对呢？每个人都有一种生活状态，你生活在哪一种层面呢？一碗心灵鸡汤，教会你在生活中微笑，笑得有风度有气度，不管生命赋予你的是什么，一颗宽慰的心是获得快乐的前提。当别人都在抱怨生活的时候，青少年朋友们不应该跟着一起抱怨。那么，你们要以一种什么样的心态来看待目前的生活、学习呢？

第一节　你的状态属于哪个层次

● 三种状态，三种人生

张清源是事业单位一名普通的工作人员，长期的工作和生活压力似乎已经使他感觉不到自己活着究竟是为了什么，但他最担心的就是公司不景气，这样他就有下岗的危险。有一天，当他随手翻开一本杂志时，便沉默起来。良久，便不由自主地叹了口气。身边的同事问他怎么了，他说，他在这篇文章中仿佛看见了另一个自己。同事拿过来看看，然后很有感触地说："老张啊，我虽然比你小不了多少岁，但是我觉得我还是比你更会享受生活的。恕我冒昧地问你一句吧？"清源睁着一双并不十分有神的眼睛，点点头。

然后，同事在手边的一张纸上写下了几个字：生存、生活、生命——这也是那篇文章中几个点醒主人公的词语。"你觉得自己是生活在哪一个层次呢？"如同书中的问题一样，张清源今年37岁，再过几个月就是38岁了，和书中的主人公一样,平时算是个豁达的人,但是一旦遇到一些大问题就会一头栽进死胡同里出不来。他睁大眼睛,想了很久,然后不紧不慢地说:"当我在家的时候,是生存状态,我觉得自己就像是猪,每天就是吃喝拉撒睡;在公司和你们还可以说说话,应该算是生活吧;而生命,这个似乎我也是不太懂得的。"

张清源的这个同事算是一个比较会享受生活的人,结婚已经有五个年头了,孩子也已经上幼儿园了,但是和妻子的感情还是像热恋的时候一样。他常常见张清源愁眉苦脸,甚至一整天都看不见他笑,就知道他的生活并不是很顺利。"那么,孩子对你来说意味着什么呢?"同事问他。

张清源想想说:"很重要,但是我似乎找不到表达爱的正确方式。所以家里的生活枯燥无味,仅仅是生存罢了。"

同事看他一眼,继续问:"和我们在一起时可以说说心里话,所以你觉得在公司才具有一点生活的气息,对吗?"清源点点头。"所以,在你的'生存'层次中确实缺少了互动和关怀,更缺少了'生命'层次的爱和分享……"清源似乎若有所思。

青春心语坊

故事中的张清源为了养家糊口而工作,而在工作中,他仿佛也渐渐忘记了自己最初的生活目标。每个人自从出生到读书,再到成家立业,一生不外乎在"生存、生活、生命"这三种状态下循环,或许并不始终如一,但也不会相隔甚远,往往三个层次之间仅仅只是一念之差。可以说,三种状态,三种人生。因此,你希望自己处在哪个层次中,实际上是由自己决定的。

青少年还处在启程阶段,人生阅历过少,对很多事情很多经历还是很模糊的,有时候也难免会陷入死胡同,迷失方向,像一个在沙漠中迷失了方向的旅行者,那个时候,你最想的或许只是生存下来,已经无暇思考生存之外的一些东西,这样的生活环境是艰辛并且缺乏色彩的,同时也极具压力;而那些懂得互相关怀、相互分享幸福与悲伤的人,才属于真正意义上的生活层次,相处才是快乐并融洽的,而最终也才能完成生命的意义。

人类最大的幸福是由伟人创造的,而小幸福则是由自己创造的。我们要学会在最平凡的琐碎中，发现隐藏在日子中的小幸福，心灵的快乐就是幸福的分享，哪怕是悲伤时的倾诉。或许每个人看待问题的方式都不一样，幸福的定义也不一样，但最终，你会发现一个真理，那就是，最难得的幸福源于最简单的快乐，而最简单的快乐则源于一颗最善于分享的心。

第二节　知足者最常乐

• 天使与牧羊人的故事

从前有一只天使，在送信的途中由于太过疲惫而睡着了，当他醒来后发现自己的翅膀被谁偷走了。天使一阵心颤，没有了翅膀，他的使命完成难度大大地提高了，但又不得不继续。在一个饥寒交迫的傍晚，他来到一户人家的门前，敲敲门说："请打开门，我是一只没有翅膀的天使。"主人打开门，一眼看见被大雨淋湿了的天使，狼狈不堪。主人皱皱眉说："你给我们带来什么礼物了？"天使说："不好意思，因为我的翅膀丢失了，无法回到天堂，所以暂时还没有礼物。"主人砰的一声将门关上了。

接着，天使又去敲第二户人家的门，第三户人家的门，结果都是一样，天使被拒之门外。伤心绝望的天使陷入了空前的困境，他蹲在村口哭泣，被一个善良的牧羊人看见了，便把他带回了家，并让天使吃饱穿暖。天使很感激，便对牧羊人诉说起了自己的遭遇。牧羊人听完，没有丝毫的诧异，他说："即使你不是天使，我一样会拉你一把的。假如你暂时没有别的事情，那就留下来和我一起牧羊吧。"

天使留了下来，跟着牧羊人一起放羊，每天他都会仔细梳理一下羊毛，然后就为自己织就了一对翅膀，在牧羊人惊异的眼神中飞走了。没过几天，天使飞回来报答牧羊人，并问他最需要什么。

牧羊人说："请你帮我增加100只羊吧。"于是羊群更大了，但是牧羊人比之前更累了，不久就对天使说："还是把这些羊收回去吧，请你帮我盖一间大房子。"后来有了房子的牧羊人住在满是灰尘的屋子里，感觉一点儿也不舒服，于是他又找到天使，用这座房子换了一匹马，牧羊人就坐在马背上每天去牧羊，但是时间久了，牧羊人发觉一点儿也不方便，而且自己也不知道该往何处去。最终，牧羊人将马还给了天使。这次，他什么也不要了。天使问为什么，牧羊人说："每当我的一个愿望实现了，就很快发现它们都是我的累赘，太累了。"天使深有同感地说："那我就送你一件无价之宝吧，就是知足的性格。"牧羊人说："其实现在的我已经拥有了这样的性格。"

青春心语坊

"知足者常乐"，这曾经是众人津津乐道的一句至理名言。知足，其实是一种十分平和的心境，一个人若懂得自知，懂得知足，懂得量力而行和适可而止，那么，人生大半的幸福就都属于他了；知足是懂得取舍，豁达地面对失去、面对收获，而不是安于现状，不求进取。欲望就像是一个无法填满的黑洞，那些一直追求这、追求那的人，即便是得到了自己想要的，也还会有更想要的，随着欲望的不断增长，幸福感就越少。人活在世上，只有知足的人才能充分享受当下的快乐和幸福。

一颗淡然的心是不会被外物所累的，假若你感觉自己一直在被打扰，在被一些莫名其妙的琐碎压得喘不过气来，那就请你停下来，好好整理一下自己的行囊，看看里面是不是装满了已经过期的"垃圾"，然后果断丢弃，简简单单的才是最珍贵的，复杂的索性不要，随着欲望的增大而想要的、还没有得到的就不要，不必强求，你会发现，或许在某一天，它们自己就已经来到了你的身边。

青少年朋友们要知道的是，自己的生命是父母赋予的，活着其实并不容易，它还是一种责任和使命，无论是在现在的学习生活过程中，还是在今后的工作生活中，你们都将会面临种种困境，并且随着年龄的增长和时代的变化，你的"追求"会越来越多，越来越强大，会累会辛苦，但至少你们要学会珍惜眼前，知足眼前。不管是处在哪一个阶段，知足都是最佳的精神状态，它会带你领略疲惫背后最美好的风景。奋斗和进取固然很重要，知足也并不是教你不要有追求，因为只有懂得知足才会进退自如。

第三节　痛苦过才知道快乐的珍贵

● 抓住绝处的一线生机

托尔斯泰的散文名篇《我的忏悔》中有这样一个故事。

有一个男人被一只老虎死命追赶而最终掉进了悬崖，他以为这次将会一命呜呼了。庆幸的是，在跌落的过程中，他胡乱地抓住了一只生长在悬崖上的小灌木。当他抬头再看时，那只老虎还在虎视眈眈，而低头，悬崖下面也是一只正在觅食的老虎。更加令男人冒冷汗的是，两只老虎都在拼命咬着小灌木的根部。男人感到绝境也就如此吧，忽然他眼前一亮，在不远处发现了一株生长良好的草莓，只要他肯伸出一只手，就可以够到它们。于是他便不再考虑自身所处的险境，伸手摘下草莓，然后塞进嘴里，脸上立即现出了愉悦的神情，并且自言自语地说："真甜啊！"

还有一个故事说的是"祸福相依"的道理。

众所周知的传奇人物艾柯卡，曾经有一段很有名的经历。1978年7月的一天，在工作上小有成绩而得意忘形的艾柯卡被大老板开除了，要知道，艾柯卡是凭借自己的努力才当上福特公司总经理的，在这个地方，他已经工作了整整32年，经理的位置他也整整坐了8年，这对一向顺水顺风的艾柯卡来说，简直难以置信，一时间他濒临崩溃的边缘，于是便每天喝闷酒，痛不欲生。

而就在这个时候，艾柯卡选择接受了一个新的挑战，这个挑战不是别的，而是应聘到一家即将破产的克莱斯勒汽车公司担任该公司的总经理，并凭借以往的管理经验以及自身具备的智慧和才识，艾柯卡开始对克莱斯勒汽车公司进行大刀阔斧的整顿和改革，同时还向政府请求援助，舌战国会议员，最终取得了获得巨额贷款的胜利。这样一来，克莱斯勒汽车公司便得以重振雄风。

就这样，在艾柯卡的领导之下，克莱斯勒公司又在其最难熬最黑暗的日子里推出了 K 型车的计划，并取得了最终的成功。就是这个计划才使得克莱斯勒转危为安，并一举使之成为仅次于通用汽车公司、福特汽车公司的第三大汽车公司。

　　1983 年 7 月的某天，艾柯卡把他平生仅见的面额高达 8.13 亿美元的支票提交到银行代表手里。至此，克莱斯勒还清了所有的债务。回想起来，艾柯卡刚好在 5 年前的这一天，失掉了他的前一份工作。这一切难道仅仅只是巧合吗？或许它还给了人们一个深刻的启示吧，那就是，身临绝境并不可怕，可怕的是就此放弃，一蹶不振。

青春心语坊

　　"祸福相依"，痛苦和快乐其实是相对的，没有过痛苦的经历，哪会知道快乐的甜蜜？

　　生命的进程中，谁也避免不了难过、痛苦，甚至是绝境，不管你的生活中发生了何种变故，遭遇了怎样的不公平，但你只要懂得在绝境中善于发现生机，那就不会是绝境。罗曼·罗兰说：痛苦像一把犁，它一面犁破了你的心，一面掘开了生命的新起源。"祸福相依"最可以说明痛苦与快乐的辩证关系，直面痛苦，你才会有机会尝到快乐的甘甜，生命或许就是一枚青橄榄，先苦后甜。

　　青少年朋友们，一时的难处并没什么大不了，假如你有勇气像那个悬崖间的男人一样，在生命面临危机的时候，还敢去品尝手边的草莓，那你还有什么可害怕的呢？作为青少年，应该有一颗善于发现快乐和生机的心，用这样的一颗心去完成成长的使命，才是一个真正幸福的人，不要拒绝困难和痛苦，或许多坚持一秒钟，再多走一步就会看见绝处逢生的阳光。

第四节 用微笑掩盖悲伤

● 不被困境困住

或许爱读小说的人中，很多人都知道叶慈吧。虽然阅读过她很多神秘有趣的小说，但是她的经历却比任何一部小说都具有价值。

这是发生在日本偷袭珍珠港时候真实的故事。那天清早，因心脏病而不得不卧床休息的叶慈太太已经在病床上度过了一整年的时间。平日里，医生不准她走太多的路，因为是心脏病，需要时时看护随时检查。她记得自己走过的最长的一段路是去花园里沐浴阳光，当时还有一个护士搀着。而那天，正是日本人轰炸珍珠港的时候，一颗炸弹不偏不倚地掉落在叶慈太太家的不远处，炸弹的威力是巨大的，叶慈太太被震得从床上掉了下来。当时，军方的卡车已经赶到了基地附近，将海陆军的家属接到公立的学校里去，需要使用电话联络那些有多余房间的人收留他们，红十字会的人了解到叶慈太太的床边就有一个电话，于是就要求叶慈太太为他们记录下所有重要的信息，包括那些海陆军的家属们被遣往了何处。同时，红十字会的人也通知了所有海陆军人员可以打电话给叶慈太太询问自己的家人被安置在什么地方。

很快叶慈太太就得知了自己的丈夫安然无恙，这使得她更加有了精神，并且试图使那些还不知道自己的丈夫是否无恙的太太们开心起来，甚至是那些已经成为寡妇的妇女们。开始时，叶慈太太一直是躺着接听电话，后来慢慢坐了起来，最后便兴奋地直接下床了，忘记了身体上的病痛。

叶慈太太后来说，在帮助那些境况比自己还要糟糕的朋友时，她是完全忘记了自己的，除了正常的八个小时睡眠时间外，叶慈太太几乎都是在地面上活动的，也是从那个时候开始，她才意识到，原来自己还可以像个正常人一样活动。

青春心语坊

这个故事给很多人的震撼力都很大,一个几乎要身患残疾地过完下半生的人,居然在灾难面前康复了!这就告诉我们,困难有的时候或许会成为你彻底摆脱困境的出口,只要用微笑去面对生活,不管境遇如何糟糕,微笑终究会体现出它的价值。

曾经在二战期间,有一个名叫伊丽莎白-康黎的女士,她在庆祝盟军在北非获胜的当天收到了国际部的一份电报,电报上说她最爱的侄儿在战场上牺牲了。

这个沉重的打击是她无法接受的,于是便决定放弃工作,离开伤心的家乡。在整理东西的时候,在一个小盒子里发现了一封早年的信件,她想起来,那时是她母亲过世时细心的侄儿写来的一封信,信上的大致意思是说:我知道你一定会撑下去的,我永远都不会忘记你曾经教导过我,那就是,不管是在哪里,遇到什么样的事情,都要勇敢地面对生活。我也记得你的笑,一种似乎可以承受一切的笑,像个男子汉一样。

伊丽莎白-康黎女士将这封信反反复复读了一遍又一遍,似乎身边正有位充满生活激情的人在安慰她、鼓励她、感染她,那双满是期待的眼睛正用炽热的目光盯着她,好像就是在说,为什么不能像说的那样去做呢?

于是,很久很久,伊丽莎白-康黎都待在沉默中,而沉默之后,她已经决定了,要好好生活,将悲伤的泪水掩藏在笑脸里。

青少年朋友们要从这些类似的故事中读出感悟,人生不可避免地有不顺,甚至是困境和灾难,但是人生又是一张单程票,没有回头的机会,消极地悲伤,整日以泪洗面,将大好的时光消耗在悲悯上,幡然醒悟时,你就会发现自己已经错过了走出去的机会,并且再也不会有这样的机会了。不管是悲是喜,时光依旧,与其悲悯,何不快乐?用你的微笑盖住悲伤,事情已经如此,既然改变不了,那就坚强地笑着走下去!

第五节　快乐是一种态度

●街道上的蟋蟀

在印第安纳州一个市中心的街道上，一个当地男孩和他的友人在一起行走着。

"你听，有蟋蟀在叫呢。"忽然之间，男孩抬头对他的伙伴说。

"哪有啊?!你一定是听错了。"小伙伴一听，不禁屏住了呼吸，仔细聆听，但什么都没听见。

"不，我确实是听见一只蟋蟀在叫！我绝对没有听错！"男孩急忙说。

"这里是大街啊，到处都是熙熙攘攘的人群，哪里会有蟋蟀的叫声，要是有倒真是怪了！"小伙伴不依不饶。

"我肯定我是听到了！"男孩说着，仿佛已经不想再获得伙伴的认可，自己的耳朵是不会说谎的。然后男孩便开始四处寻找叫声的来源，一边在嘴里嘟囔着，"等我找到了，看你还有什么话说。"

于是两个小男孩一直走到街道的拐角处，又穿过了一条街道，在街道四周及每个角落，最后终于在一个很小的角落里小簇灌木丛中发现了声音的来源，那么清晰，那么清脆。男孩拨开灌木，细细查找，终于在一个不起眼的枯叶堆中找到了那只发出叫声的蟋蟀。男孩得意着，他想，也许这只蟋蟀正是以这种方式来吸引有心人的关注呢，也或许，它根本就想不到，竟然会有人在大街上循着这叫声而找到自己。男孩一边想着，一边朝他的伙伴示意着说："看吧，真的是有蟋蟀的。"

小伙伴目瞪口呆，他简直难以相信。

男孩说："其实并不是说我的耳朵比你的灵敏，关键是我们的心在关注些什么。"

是啊，关键是我们的心在关注些什么，假如那不是蟋蟀的叫声，而是钱币洒落的清脆响声，恐怕早就有很多人蜂拥而至，已经等不到这两个小男孩前来寻找了。

故事中，我们不难想象，其实快乐亦是如此。它就像是隐藏在灌木丛中蟋蟀的叫声，有人听得见，而有人就丝毫都感觉不到，原因是什么呢？就是男孩所说的，就是我们的心究竟在关注着什么。在我们的日常生活中，快乐与烦恼其实是无处不在的，但是人们却常常烦恼多于快乐，甚至感觉不到有多快乐，其实是他们忘记了"境由心生"这个道理，想要快乐，到处都是你快乐起来的理由，否则，处处便是悲伤的风景。

青春心语坊

有一个司机在马路上开车，车道拥堵不堪，那密密麻麻的车阵看上去简直教人抓狂，司机满怀怨气地想着：哪里来的这些没用的笨蛋，一个个的人模狗样，真应该出来个警察将他们的驾驶执照都吊销了去！不禁面露怒气，涨红了脸。而就在这个时候，一辆大型卡车与这个司机的小轿车同时出现在交叉路口，司机想：这家伙肯定会毫不犹豫地冲过去！但出乎他意料的是，卡车司机停了下来，并探出脑袋伸出手臂，冲这位小轿车的司机招招手，末了还不忘送出一个微笑，示意对方先走。就是这个简单的小动作，使原本满腔怒气的司机顿时怒气全消，仿佛已经置身于另外一个世界。而实际上，他所处的世界还是一样的，不同的是心境，是态度。

青少年朋友们，或许在平时的生活中，大家也难免会遭遇类似的事情，这个时候，不妨像那个大卡车司机一样，不仅不怨怒，还将这种良好的心境传达给身边的人，在缝隙中寻求快乐，那么，生活就会一直晴空万里。

一个聪明乐观的人，懂得去寻找快乐，并用它们来放大美好，驱散头顶的愁云，哪怕快乐隐藏得很深。心所关注的就是你能否快乐起来的关键点，生活中，不断有快乐与忧愁的交替循环，如果不能真的快乐，就不要为了它设置围墙，烦心的小事如过眼云烟，转瞬即逝，如果非要久陈于心，只会阻挡快乐的降临；假如事情已经无法改变，不如改变一下我们自己的心境，变换一下看问题的态度，转移一下关注的焦点，变烦恼为快乐，何乐而不为？假如我们的生活重心始终围绕着金钱与名利，始终围绕着他人的言论评价，那就同时与烦恼结下了不解之缘。或许现在还不是很有钱，还没有什么权力地位，但如果你有一种快乐的心态，那就是最宝贵的财富，也是最有价值的资本。

第六节　学会享受别样的快乐

• 宁宁的草莓冰淇淋

王阿婆是社区里的老住户，她和老伴在这个地方已经居住了十年之久。小区里的人都很喜欢她，不仅因为王阿婆和蔼可亲，还因为王阿婆是个很乐观开朗的老人。十几年前，王阿婆唯一的儿子在一场空难中丧生，悲伤之余的王阿婆和老伴选择了继续生活。

宁宁是王阿婆邻居家的孩子，今年七岁，从宁宁出生到现在，王阿婆几乎是看着她长大的。这个活泼开朗的小女孩是大家的开心果，那张小嘴总是不停地嚼着东西。但宁宁最爱吃的还是草莓冰淇淋，这不，刚进小区门口，她就拐进了小超市，手捏着一只草莓冰淇淋出来了。

或许是因为太兴奋了，也或许是太想吃上一口了，宁宁来不及看清前面的路，刚刚咬上一口就一个趔趄栽倒在地。不远处，王阿婆正好出门，刚好看见栽倒在地的宁宁，赶紧心疼地赶过去，扶起宁宁的时候，宁宁已经满脸的泪珠，那双小手还是紧紧握着冰淇淋的底部，而冰淇淋已经掉在地上。宁宁怔怔地看了一会儿，然后哇的一声哭了起来，王阿婆以为是哪里摔坏了，忙问怎么了。宁宁撅着小嘴说："我的冰淇淋……我的冰淇淋……"王阿婆一看地上，原先的冰淇淋已经不成样子了。王阿婆对于这样的场合感到无奈，也好笑，她知道孩子的心是极其简单的。于是她故意逗着小宁宁说："虽然冰淇淋不能吃了，但还是很好玩的呀。"宁宁忽闪着一对大眼睛，好奇地问："玩？怎么玩啊？""来，阿婆教你。先把一只脚的鞋子脱下来，然后踩上去试试看。"王阿婆耐心地说。宁宁是个爱干净的小女孩，有点迟疑了，"可是，阿婆，这冰淇淋很脏的。""怕什么呢，你刚刚不是还在吃呢嘛？不敢试呀？""谁不敢呀，我才不怕呢！"说着宁宁就脱掉了鞋子，光着脚丫子轻轻踩在了那堆软软的冰淇淋上，宁宁觉得有一种踩在沙滩上的感觉，有点凉凉的、黏黏的、滑滑的，刺激得她嫩嫩的脚心痒痒的，宁宁不由得笑了起来，对着阿婆说道："阿婆，真的好好玩啊！"王阿婆见宁宁泪痕还没干的脸蛋现在笑成了一朵花，心里安慰极了。

青春心语坊

在我们的日常生活中，幸福和快乐就像是宁宁手中的冰淇淋，一不留神就会掉落在地上，无法拿起，也无法放下。但是这个小故事却告诉我们，既然已经面临了不幸，那就坦然地接受，不必悲伤失落甚至号啕大哭，学会在跌落中享受别样的快乐才是生活的真谛。

怎样在跌落的时候还能充分享受快乐呢？那就要用一种不一样的角度去看待问题，掉在地上的冰淇淋在大多数人的眼里已经是毫无用处了，但是阿婆却教会了宁宁用小脚丫去"玩"冰淇淋，即使宁宁没有充分享受到可口的草莓冰淇淋，也将小脚弄脏了，但是她成功地收获了悲伤之后的快乐，这不是任何人都可以做到的。因此，悲伤还是快乐，关键在于你看待问题的角度。

曾经在一家甜点店里看见一个摆着很多甜甜圈的小柜台，旁边有一张招牌，上面有几行镌刻的字，写道：乐观者看见的是一个个甜甜圈，而悲观者看见的是一个个小小的洞，这就是乐观者和悲观者的微妙差别。你是属于哪一类呢？这是个很简短的小幽默，却道出了一个深刻的道理：快乐就是你看待事物的眼光。

青少年在成长的路上，应该学会如何面对困境，扭转逆境。在困境面前抗拒、抱怨或退缩都会使你的下一步更加艰难，还不如坚强起来，积极应对，极力寻求快乐。同一件事情，两个眼光不一样的人就会产生两种不同的想法和观点。学会在逆境中发现亮光，用积极的眼光看人看物，这样才能真正品尝到人生别样的快乐。

第七节　每一种不幸都是快乐的前提

● 命运的安排

相传在北欧的一个教堂里，有一尊雕像，那是耶稣被钉子钉在十字架上的雕像。每天都有很多人前来膜拜，什么样的人都有，耶稣几乎都是有求必应的。当时一个看门人看在眼里，也急在心里，这么多的人，这么多的要求，耶稣真的很辛苦。于是在某天祈祷的时候，他就向耶稣提出了愿意为他分担辛苦的要求。没想到的是，耶稣竟然同意了。但是他告诉看门人："不管你看见了什么，听见了什么，都不能说一句话！"看门人说"好"。

于是，耶稣和看门人互换了角色。因为耶稣的雕像本来就雕刻得很逼真，并且大小同一个人差不多，所以，这次互换角色没有引起任何人的疑心。看门人站在上面，看着下面来来往往络绎不绝的人，听着他们内心的祈求，他依照耶稣的交代，不管怎样都没有说一句话。

一天，一个富商前来膜拜，手里攥着一大袋钱币，但是在祈祷完毕起身离开时他竟然忘记了带走。看门人很想叫住他，告诉他东西忘记拿了，但是想起耶稣的话，就咽下了已经到嗓子眼的话。

接着又走进来一个穷人，他对耶稣的祈祷是，希望耶稣能够帮助他们一家渡过难关。当这个年轻的穷人祈祷完毕准备离开时，忽然发现了那个钱袋，打开一看，里面全是钱币，穷人喜出望外，并向耶稣道谢，没想到愿望真的实现了，然后提着袋子走了。看门人看在眼里，多想告诉他其实这袋钱币并不是他的，但还是忍住了。

紧接着又进来一个年轻的船员，因为即将要远行，他是特意前来祈求耶稣保佑平安的。就在他准备离开时，先前的那位富商冲了进来，富商一把抓住年轻人的衣领不放，并要求年轻人将钱袋还给他。年轻人不明就里，于是两人争吵起来。

十字架上的看门人再也不想忍了，便对正在争吵的两个人说："钱袋不是这个年轻人拿的,而是另外一个穷人,快松开手吧!年轻人赶快去坐船吧!"说完,富商便前去寻找看门人所描述的穷人,而那个年轻人也急匆匆地离开了,生怕误了上船的时间。

耶稣气愤极了,他指着十字架上的看门人说:"你快下来吧,你实在是没有资格待在上面了!"

看门人不服气,"难道我把实情说出来,替他们主持公道也是错误的吗?"

耶稣说:"是的。因为这一切其实都是命运的安排,富商的钱币是拿去吃喝嫖赌的,而对于那个穷人来说,却是救命的;年轻人和富商扭打刚好可以保住他的一条性命,因为他将要乘坐的船在今晚会沉入海底。"

看门人心里一紧,可是事情再也无法挽回。

青春心语坊

生命有时候就像是一场被安排好的舞台剧,将要上演的剧目或许一早就已经被命运这个"导演"安排好了;但这其中的历程又是神奇无比的,我们无法想象这一秒所发生的事情,在下一秒将会带给我们什么,好与不好,都不是自己可以决定的。可你所能决定的是在面对突变时,你自己的心。

故事中前去膜拜的人,其实根本就不知道自己的未来会怎样,这是在向我们传达一个信息,那就是:所有的不幸或许正是幸运的前提。很多事情都是你不能改变的,既然来了那就坦然面对,相信这正是命运的安排,改变不了现状,就先从改变心态开始——始终保持一颗平和的心,安稳地享受生命。

而对于青少年朋友来说,每一次困境其实都是命运给予的恩赐,正是在这样的磨炼下,才能锻造一份坚强的意志,困境是通向更高处的阶梯。这就需要大家在困境中始终保持一个乐观的心态,积极应对,吸取益处,接受经验教训,从而完成自我蜕变,逐渐坚强、成熟起来。

第八节　别让担忧阻挡了你的快乐

• 不担忧才快乐

安德女士从前是个很容易忧虑的妇人，每日总是在无止境的担忧中度过，生活对她来说，丝毫没有快乐可言。脾气暴躁的她动不动就会大声吼叫，过马路牵着孩子走都会提心吊胆；买好的首饰放在皮包里也会担心被贼抢了去；家里请了佣人，她就担心佣人会偷拿家里的物品；在商店买完东西，总是会想，不够吃或者吃不完该怎么办……总之，安德女士就没有不担心的。她一直活在一些幻影中，精神也一直处在高度紧张的状态下。丈夫也因为接受不了，最终向她提出了离婚。

离婚后的安德女士带着孩子，生活依旧，但是她还是改不了原来的习惯，不管在商店的门口，还是在菜市场，人们总是会见到一个愁眉苦脸的妇人，好像她从来都不曾开心过，任何事情都不能使她展开笑颜。但不久安德女士还是结婚了，和一个教授。教授是个彬彬有礼的人，有很强的分析辩证能力，虽然经常要与文字打交道，但他生性就是一个乐观的人，不管遇见多么糟糕的事情，他总是可以笑着面对，这一点让安德女士一直想不通，但也羡慕不已。每当安德女士陷入担忧和恐慌中的时候，这个斯文的教授总是会劝说她："不要担心，我们可以好好想想啊，它们并不一定会发生的！"

一次，教授决定一家人去旅行。他们是开着家里的那辆家用轿车去的，并准备在野外露营。安德女士既兴奋又担忧，显得心神不宁。丈夫说："你什么都不要想，只想着那时的我们会有多惬意多快乐，孩子的笑声多么响亮就可以了，其他的都交给我好了。"安德女士听了丈夫的话，努力不再去想那些不好的事情。

路上开车的时候，遇上了暴风雨，安德女士再次担忧起来，而丈夫告诉她说："车子很慢，不会有事的！"安德女士使劲平息内心的惶恐不安，结果一个小时过去，他们果然安全抵达了目的地。晚上睡觉的时候，安德女士又开始担心起来：要是晚上遇到危险怎么办？突然遭遇暴风雨怎么办？……安德女士因为一直在担心，因此没有办法开心快乐，不能同丈夫和孩子们一起开心地大笑。教授丈夫这个时候还是很温和地安慰她："亲爱的，这里很安全，是我们花了很长时间才选好的地点，难道你忘记了么？别说不会遇到什么危险，要是真的遇到了，我们还可以以最快的速度跑到附近的村庄里，向那里的人求救，他们都是很善良的人啊！"于是，在丈夫一番劝慰下，安德女士终于安下心来。一直到第二天天亮，什么事情都没有发生，并且他们再次度过了一整天快乐的时光。

渐渐地，安德女士就再也不会去担心一些事情了，因为她已经开始明白，很多事情其实并不会发生，自己担心来担心去，只会搅扰自己不快乐。

青春心语坊

如果你活在这一秒，却不停地在为下一秒将要发生什么而担忧，那么，你一定不会活得轻松活得快乐，并且还会面临重大的压力。快乐究竟是什么，前面说了那么多，其实就是一句话，将一切简单化，不多想，不担忧，充分做好并享受眼下，那你就是快乐的。

还有一个很有禅意的小故事。一个僧人很喜欢兰花，于是便在他所在寺庙的院子里种了很多兰花，并且每天都会抽出时间去悉心照料它们，弟子们都知道，师父最爱这些兰花了。一次，僧人外出好几天，照料兰花的事也就很自然地交给了弟子们。但不幸的是，笨手笨脚的弟子却将兰花弄伤了，抢救已经来不及，只能任凭师父回来责备了。可是没想到的是，僧人回来后得知此事并没有发火，更加没有责备弟子们。他说：我种兰花是用来让自己开心的，并不是让自己找气受的，现在事已至此，生气也无用。

其实生活中很多事情都是这个道理，要是都用这样的思路来思考问题，那还有什么忧愁呢？那就人人都是快乐的天使了！假如遇事无法释怀，一直担心，一直放不开，情绪波动，难免无法开心起来。

青少年朋友们肯定都希望自己的人生是充满欢声笑语的，有谁愿意整天在阴霾中生活呢？但我们也不能保证人生之路始终平坦顺畅。

其实快乐真的很简单，只要一颗简单的心，别多想，别为未知的事情过分担忧，简单地看待每一件小事，就会拥有大幸福。

第三章　青少年人际的关键

　　一份健康的心态，将会成就你的快乐，也会给你的生活带来别样的风景，但是青少年在成长的过程中，不可避免地要面对人际的压力，要怎样获得一份好人缘呢？如何把握交往中的技巧呢？影响人际交往的因素有哪些？良好的人际关系来源于你的真诚经营，而不是你想要就会有的，因此，这里将告诉青少年朋友们，要在无限广大的人群中将陌生人变为自己的朋友，不仅需要技巧，更需要大胆地表现自己。那么，这些技巧是什么呢？又要如何表示自己的友好呢？

第一节　好人缘的秘密

● 动物王国的舞会

　　在一片茂密的森林里，一场盛大的舞会已经悄悄拉开了帷幕。参加舞会的有很多动物，野猪也是其中之一。当优美的音乐声响起的时候，野猪很快就扔掉了手中只啃了一半的玉米，玉米渣还在嘴边留着，急匆匆地走到梅花鹿的面前，邀请梅花鹿和自己跳个舞。梅花鹿看了看野猪，眉头紧皱，摇摇头说："抱歉。"这时，狮子缓缓走到梅花鹿的面前，很绅士地弯下腰来，一只手背在身后，另一只手伸出去邀请梅花鹿，面对这样有风度的男士，梅花鹿欣然接受了邀请，野猪只好灰头土脸地离开了。

　　之后，野猪并不甘心，他又开始去邀请羚羊。"和我跳支舞怎样？"野猪

谁说青春一定迷茫

粗声粗气地说。羚羊看看野猪的神情，再看看他黏在嘴上的玉米渣，"不好意思，我有点累。"再次遭到拒绝的野猪并没有泄气，过了一会儿又去邀请小熊、斑马，但是都被无情地拒绝。不知不觉，舞会已经过去了一大半，野猪始终都没找到一个愿意接受邀请的舞伴。

野猪只好在旁边看着别人跳，等狮子从舞会上下来时，野猪忍不住上前询问："希望你告诉我，为什么大家都不愿意和我跳舞呢？"

狮子笑笑说："其实刚才我看你很久了，我觉得你之所以找不到舞伴一个最大的原因就是你的形象。瞧瞧吧，玉米渣还在嘴上，浑身上下也脏兮兮的，和大家说话的时候也没有该有的礼貌，一见你这样，谁愿意和你接近呢？要想赢得别人的尊重和接受，首先自己要有修养，这样才能赢得更多的认可。我也并不比你强，但最起码我懂得以礼相待，并且有一个看起来干净整洁的外表。"

一番话说完，野猪似乎若有所悟。没过多久，小象便过来邀请狮子一起跳舞。看着狮子这么受欢迎，野猪转身回去了，他决定回去首先好好洗个澡，然后认真提高自己的修养和内涵，相信在下次的舞会上，野猪将会比现在受欢迎。

青春心语坊

故事中的野猪找不到舞伴的原因，其实就像是狮子说的，是野猪的举止太粗俗。虽然只是一则寓言，却深刻揭露出一个道理，那就是，一个人要想获得欢迎，首先要在第一印象上下功夫，不仅仅是你的内涵和修养，还包括外表。一个人对另一个人产生好感，很大一部分原因来自这个人带给别人的印象，文质彬彬、斯文多礼、有礼貌、有教养、有智慧、干净整洁的人往往给人眼前一亮的感觉。

青少年朋友们在日常交际活动中，总是避免不了和各种不同的人接触，尤其是进入社会之后，更是要面对形形色色的人和事，而人际交往又是大家在成长成熟的这条路上不得不面对的重要问题，因此，青少年必须在人际交往的问题上更加重视起来。

每一个人来到这个世界上，都必须要与其他人发生各种各样的关系，不管在交往的过程中接触的环境和这环境中的人有多简单或复杂,首先要赢得好人缘,这样才更能拓展交际范围,帮助你更快更好地成长起来。而要想获得一个好的人缘,一个最关键的地方就是要有良好的修养。青少年应该在自我素质和修养方面努力加以提高,为今后的人际交往打好基础,做好准备。

第二节 青少年人际交往的因素

● 周舟的"年少轻狂"

那时候的周舟是一个将近二十岁的小伙子,高中没毕业就决定放弃学业。其实周舟并不是一个太笨的男孩,只是在学习上,用他自己的话来说,就是找不到存在感。周舟的数学成绩不是很好,语文成绩也平平,于是每次考试他总是排名靠后,因此,他也对老师,尤其是对班主任产生了抵触情绪。他把老师对他的教训和教导当作是瞧不起:为什么总是找我的茬,别的同学不也一样么,怎么不说他们?时间一长,周舟成绩不但没有进步,反而退后了,眼看着高考无望,周舟果断地选择了放弃学业。

不和父母商量就擅自做出这个重大决定的周舟,在父母面前当然得不到好果子吃。于是,双方不可避免地发生了争吵,周舟一气之下甩门而出,两天两夜都没有回家,着急万分的父母报了警,之后在警方的协助下,爸爸在一家网吧里找到了周舟,那时候,已经是第三天的早上了。父母无奈之下只好让周舟去理发店学一门手艺,周舟学得还算不错,并且很快就学着师父拿起了理发工具开始给客人理发,师父也夸周舟是个聪明勤快的小伙子。但是父母却并没有因此彻底放下心来,因为之前在学校的时候就听说周舟有早恋的倾向,之前和一个叫丽娜的女孩走得很近。丽娜很喜欢周舟,自从周舟退学以来,她一直在打听他的下落。就在前几天,丽娜得知周舟现在在一家理发店实习,便自己找来了,并表示想和周舟一起工作,只要两个人能够在一起,不管在哪里都好。周舟被丽娜的真诚和美丽感动了,居然同意了丽娜的要求。

谁说青春一定迷茫

纸是包不住火的。这件事后来被双方的父母知道了，在周围人一致的反对下，两个孩子居然选择了离家出走。

然而这段看似轰轰烈烈的爱情却没能持续下去，在他们离开家乡的第二个月月初，二人便不得不各自回家去了。从家里带出来的钱很快就花完了，周舟什么都没有，不能赚钱，两人长时间饿着肚子，丽娜觉得自己真是太冲动了，再这样下去，两人非得活活饿死不可，于是丽娜决定放弃这段感情。

如今，周舟已经成家，妻子也并不是当初曾经说不管在哪都愿意陪着自己的丽娜，不禁为自己当初的行为感到悔恨和羞愧，虽然他以"年少轻狂"来形容那段岁月，但是这绝非简单的四个字可以概括。

青春心语坊

周舟的故事确实不能简单地以"年少轻狂"四个字加以概括，因为它也从另一个方面说明了青少年在成长过程中所面临的重要关系问题。

很多人说，人生就像一趟列车，有人上有人下，在每个不同的阶段都会有不同的人到来，也有不同的人离开。青少年朋友在一生当中首先建立起的人际关系其实就是父母或亲人，不管在与父母的交流和沟通上出现了多大的鸿沟，都不能任性妄为，父母是不会伤害自己的孩子的。他们作为过来人，在看待很多事情和问题时往往有自己独到的眼光，青少年可以放心拿来作为参考；而老师作为青少年在学习上的向导，师生关系往往影响一个学生的好坏，在学校，师生关系往往是在正常的教学活动中建立起来的，良好的师生关系会影响学生的一生；而在学习中形成的同学间人际关系一般是合作型和竞争型的，不管是哪一种，如果合理利用，都会在学习上起到鞭策的积极作用；还有一种是异性之间的关系，青少年在异性交往的过程中往往具有一种矛盾的心理，面对异性接触产生的微妙情感往往超出友谊，但又不完全是爱情，过于急切地偷食爱的禁果，只会让缘分过早地凋零，因而学会与异性保持正常的交往距离是十分必要的。

第三节　青少年人际首因效应

● 良好的第一印象是成功的一半

唐莉是一家品牌服装连锁店的董事长。当她还是一个促销员的时候，她经常会用一个很精彩的开场白给客户留下很深刻的印象。我们见过的很多销售人员初次见到客户时，总是会说"您好，我是××公司的销售人员，这是我们公司新推出的产品……"而唐莉却会这样说："先生，我之所以来到这里，是因为我希望成为您的私人服装商，我明白您在这买衣服是出于对我、我们公司或者我们公司产品的充分信任，而我今天将会增强您的信任，并且我相信自己可以做到这一点！"然后唐莉会不急不慢地进一步说："相信您也希望对我作进一步的了解吧，那么现在就让我简单地做个自我介绍吧。我从事这项工作已经有好几个年头了，对服装的质地和款式以及各适合什么样的人群等，都有一定的了解和比较深入的研究。现在我很愿意为您免费挑选一套最适合您的衣服。"

这样的自我介绍，很少有人会去拒绝，不仅是因为它很精彩，还因为它已经在一开始就给客户留下了一个非常好的印象，并取得了客户一定的信任感，最后再次声明免费为客户挑选，那就更找不到可以拒绝的理由了。

因此，唐莉每次总是很出色地并且常常超额地完成销售任务，她优秀的表现被当时的总经理看在眼里，很快就给唐莉升了职，唐莉成了同时进入公司的员工中升职最快的一名员工，在后来不断地努力下，唐莉终于接管了这个渐渐壮大的公司并担任该公司的董事长。她之所以可以如此出色地完成销售任务，乃至在和同事、领导等相处的过程中会如此如鱼得水，很重要的一个方面就是她懂得人际交往的首因效应，即要给对方留下良好的第一印象。可以说，良好的第一印象是一个人在人际上取得成功的一半，而人际关系则是助推事业发展的有力帮手。

青春心语坊

所谓首因效应，指的是在初次见面的时候，充分展示出自己的优良特点，留给对方一个好的印象，为进一步的交往打好基础，也是人际交往中最重要的法则之一。人与人之间实际上都是由陌生开始熟悉起来的。作为心理学中人际交往的关键性法则，良好的第一印象可以帮助大家在人际交往中打开一道通向成功的大门。

对于青少年来说，人际交往随着其年龄的增长已经渐渐成为一门必修的课题，因为它将会在你学业、生活乃至今后的事业中起着举足轻重的作用。尤其是在一些场合比较正式的时候，良好的第一印象往往决定着哪种层次的人将会接近你，并成为你人生路上的朋友，而这样的朋友将会决定你的高度。

青少年在日常生活中，要学会关注细节，这样才能尽快地取信于他人，除了在外表要穿戴整洁之外，还要注意使用适宜的言语技巧，既要给人留下较深的印象，又要切忌锋芒过于显露，不要摆出骄傲的架子，而是尽量在谦虚的基础上，充分展现出你的才能，给他人一种内敛、有教养的第一印象，相信会有更多的人愿意主动接近你，你也将会获得更多的朋友。

第四节　大方地给出你的赞美

• 诗人与大力士的故事

有一个很著名的诗人，应邀为一个大力士写一首赞美诗。大力士承诺，写成之后，将会有一笔可观的稿酬作为答谢，诗人欣然应允。

在提笔之前，诗人想了又想，始终不知道该从何处下笔。首先，大力士这个素材很平凡，没有什么亮点和特别能够吸引读者关注的素材；再者，联系到他的家人亲戚，也并无出名之辈——这个话题真的是空前的平庸呢，诗人一时犯了难。

无奈之下，诗人只好先直接写大力士，写到言词枯竭，实在是无话可说的时候，他便决定去古希腊神话中寻找借鉴对象，其中诗人将波洛克斯、卡斯多这两位英雄称赞为最为勇敢的角斗士，将其树立为众神学习和模仿的榜样。为了使赞美更加具有说服力，诗人还将他们建立丰功伟业的过程进行了精彩生动的描绘。等到整篇文章问世，诗人发现，描绘这两位"角斗士"的文字几乎占了全篇的三分之二。作品完成了，诗人觉得还是可以的，于是将作品交给了大力士本人。

可是作品经大力士一阅读，结果决定只付给诗人总稿费的三分之一。诗人表示不满，问其因由，大力士说："你的整篇赞美诗中，赞美我的只有三分之一，那三分之二的部分就让波洛克斯和卡斯多去支付吧。但是我个人还是要好好款待你的，请你来我家共进晚餐吧，那些陪客都是我的亲朋好友，并且是经过精心挑选的。"

诗人自然会前往，因为还要前去领取他应得的报酬，另外，他还是想听听这些人对他作品的评价，当然，诗人在心里首先想到的是他们的赞美和感谢之词。

于是，诗人带着期待的心前去赴约。一进门，他果真看见了一桌丰盛的宴席在等着他，在座的人个个神采奕奕。不久，宴会开始了。诗人在觥筹交错中期待着赞美，没过一会儿，一个佣人来到诗人的面前，然后小声地说："外面有两个人要求见您呢。"诗人很快离开了座位，出门见那两位客人。

诗人出门后在门前看见了两位来访者，正是他在诗中赞颂的波洛克斯、卡斯多两位英雄。这二神不忘首先向诗人表示感谢，然后告诉诗人说，这间房子将要倒塌了，作为对诗人毫不吝啬的赞美的回报，他们冒险将这个信息告诉了诗人，好让诗人快点逃命。诗人得知这个消息后，赶紧离开了，来不及将信息告诉大力士以及其他的人。

就在诗人前脚踏上不远处的公路的时候，房子在瞬间倒塌，所有的欢声笑语、觥筹交错都在刹那间消失不见，屋子里面的人也都被砸成了重伤。

163

青春心语坊

这则寓言中的诗人，之所以免于此难，是出于二神的帮助，正是诗人对他们毫不吝啬的赞美救了诗人自己的性命。

一个人不管从事什么行业，不管是孩子还是成年人，来自人性中最深切的渴望就是获得他人的认可与赞美，只要这样的赞美是以事实为依据的，是真诚的，就会得到对方的另眼相看。在人际交往中，赞美总是很轻易地就能使一个人对你放下戒备并打心底愿意同你交往。日常生活中，每个人都希望得到别人的赞美，即使是那些嘴上说不喜欢别人说自己漂亮的女人，实际上心里还是希望得到这样的夸赞，如果你可以适当地给出比较符合她个人本身特点的赞美，那么，你们之间的距离就明显地被拉近了，这也是人际交往中比较重要的一条法则。

赞美是一门艺术，而不是一味地阳奉阴违、见风使舵，它所体现的是称赞者优良的交际能力。假如你听见别人对你表示好感，并且毫不吝啬地夸奖你，你的心里一定是万分开心的，并且会产生一种想要与之更加亲近的感觉，这使你变得更加有自尊与自信，只要这种赞美是真诚并且适度的，否则，就会产生适得其反的效果。

青少年朋友的人际交往虽然还没有成年人世界中那么复杂，但是，不能觉得自己还未踏入社会就不愿学习，因为，只要是有益的东西，越早学习越好。记住，适度地赞美他人其实也是在赞美、解救你自己，不要吝啬你的赞美，大方一点，这样你会获得更多的朋友。

第五节　好人际不是天上掉下来的

●懂得付出才有回报

在很久远的时代，曾经有一个住着满是精灵的王国，精灵们一直过着很平静的生活。但是有一天，一位不速之客打破了这种平静。听说有个叫作人的前来做客，精灵很兴奋，大家都想见见这传说中的人究竟是什么样子的，善良还是丑恶，具有教养还是粗俗无比……

于是大家商量着怎样才能知道人的性格究竟是怎样的，不久就有一个精灵说："我有一个好办法，让我去试探一下吧。"于是，第一个精灵就开始对人展开了试探。

"您好啊，欢迎来到我们的国家做客。"

"您好，谢谢。"人礼貌地回应。

精灵觉得人礼貌极了，便赶忙跑回去将这个信息告诉给大家。

大家不是很相信，第二个精灵自告奋勇。

"喂，你哪儿来的，到我们的国家来找死么？"精灵满怀恶意地问道。

"切，我来干什么你管不着，想打架是吗？那么直接来吧！"人一听见这样的恶言恶语，忍不住怒火中烧。

于是这个精灵就觉得这个人真是粗鲁，"人一点都没礼貌，并且粗野无比，他还挑衅要打架呢！"精灵说给大家自己的发现。

就在大家都在议论纷纷的时候，一个年老的精灵站出来说话了，"还是让我去试试吧！"于是老者找到这个人，很慈祥地问："孩子，你只身一人来到这里，难道不孤独吗？需要我的帮助吗？"

"谢谢您，我来转转，看看就走，顺便散散步。您不必为我担心。"人一见是位老者，如此和蔼可亲，很是感激，边说还边向老者深深地鞠了个躬。

老者满脸微笑，因为他用自己的关切换得了人的友好与尊重。

回来后，他笑着对众精灵说："其实啊，人就是你们的镜子，你对他友好，他便对你友好，你对他恶语相迎，他也毫不客气。这就是我们常说的'付出什么便会得到什么'，这世上只有付出才会有回报啊！"

精灵们纷纷点头。

青春心语坊

其实在人际交往中，对方会以什么样的态度对待你，很大一部分原因在于你待对方的态度。俗话说"巴掌不打笑脸人"，就是这个道理。说白了，对方其实就是你的镜子，你对他笑，他便对你笑，你对他凶，他也便对你凶。

人们在日常交际中，会遇到各种各样的人，结交各种各样的朋友，而你的交友方式并不一定会适合全部，但是最保险且最有效的一个方法就是，始终以最友好的姿态待他（假如你也想获得他的友好），那么，良好的关系就很容易建立起来了。不要抱怨别人怎么总是对你不友好、不真诚，在你说出这类抱怨之前，请首先好好审视一下你自己，你是不是以你希望他人待你的方式去善待他人了呢？有个住在带有落地窗房间里的女人，她每天都会对自己的丈夫抱怨说，对面那栋楼的女人每次洗衣服都洗不干净，带有很多的污点。一天，丈夫将女人带到落地窗前，用抹布将玻璃上的污点缓缓擦去，女人这才发现眼前一片明朗。这个小故事就告诫我们，凡事应该先从审视自己开始，以自己希望的方式待人，人也会以同样的方式回馈于你的。

青少年朋友在自己的社交范围中，也会遇见类似的问题，若想结交到真诚的朋友，收获真诚的友谊，那就要首先懂得付出，只有先付出了，才会有回敬。

第四章 有一种爱叫"青苹果"

青春期的孩子会在心理上产生巨大的改变,甚至是情感冲动,对异性充满了好奇,其实这本身就是成长必经的心理阶段,出现这类心理现象的少男少女们不要有太大的心理压力,只要用一个正确的心态去看待,就不会走进情感的误区,承受心理上的折磨。那么,要如何认识异性间情感的微妙变化呢?当你开始对一个人产生好感,那是什么原因引起的呢?如果真的陷入了爱情的困惑里,又该怎样面对?怎样尽快走出来呢?

第一节 还有一个叫作男孩的他

● 单车上的背影

以前看过这样一个故事。

女孩一直是个很乖很听话的孩子,学习成绩也好,从来不会像别的同龄女孩一样攀比、贪玩,甚至早恋,因为在她的世界里,除了家,就是书本。也或许正是因为这些长久以来的"听话"假象掩盖了她最真实的内心,压抑已久的内心总要找到一个出口,或许青春总是要有这样的经历才能获得成熟。

那天女孩和邻班的好友芯一起走在回家的路上,两个人都没有骑自行车,索性边走边聊。芯说到班里有一个很爱玩的男生,总是上课时做小动作,爱捣乱,上回还把她的书藏到老师的讲桌肚里去,害得她上课没课本被老师批评。女孩不知道为什么,对这样的人反而一点都不反感,似乎还颇有兴趣。

谁说青春一定迷茫

见女孩偷笑，芯说："你笑什么呀？他这样捉弄人。"女孩说："其实我也好想捣蛋一回……"还没说完，芯就拍着女孩的肩膀说："看看，就是他！"女孩顺着芯手指的方向看过去，只见一个穿着黄色外套的背影随着两个圆滚滚的车轮一路向前，那么潇洒。

从那以后，女孩似乎每次放学都会看见这个背影，一路向前飘去。如果哪天没见，心里还莫名其妙地有些失落。

这天一早，女孩依旧从另一条路上走来，刻意回头看了看，因为那是男孩每次出现的方向。有的时候，会刚好看见他若隐若现地从远处变得越来越近，有的时候也会什么也没有。这次，女孩看见了一个骑车的人，但不是男孩，心里一阵失落。接着便自己慢慢地走着，她在心里想着，他应该会在这个时间点出现的吧。果然不久，身边就穿过一个影子，女孩抬头，刚好看见，于是嘴角微微一笑。放学的时候，她会缠着芯给她说她们班里的趣闻，芯渐渐发现，每次在讲到辉（男孩的名字）捣蛋的事情时，她总是会笑得前仰后合，表现出来的兴致比其他的事情高得多。后来芯诡异地笑着："我看你就是想听他的事吧？直说嘛！"

偶然的一天早上，女孩依旧走在那条路上，期待着那个背影再次从她的身边经过。可是，那天没有，接着第二天，还是没有，到了第三天，女孩觉得仿佛已经经历了一个世纪之久，可是这天还是不见他。后来才听芯说，辉转学了，原来妈妈给辉找了一所更好的学校，要求他从初一开始读，务必要把学习成绩提上去。

那以后，女孩就再无心学习。他的离开带走了她一向平静的心，几天后，这个乖巧的女孩留下了一封信，然后离家出走了。

青春心语坊

故事中的女孩虽然不曾恋爱，却被深藏内心的情感牵引着，最终偏离正常的行为轨道。

"早恋"是一种不成熟的心理，如果没有正确的引导，青少年很容易就会走入误区。再加上青春期特有的叛逆和长期得不到释放的压抑心理，从而很容易就造成以"早恋"为导火线的冲动事件的发生。我们说，爱情本身是很美好的事情，是无害的，但如果心理不成熟，缺乏正确的教育和引导，不能正确认识其本身，这样便有害而无利。因为，即使青少年在"早恋"的状态下，觉得自己是极其认真、严肃的，可是对于什么是真正的爱情，以及爱情本身所包含的真正意义还没有具体的认识和了解。

"早恋"具有朦胧的美好性，但也具有不稳定的恶性、冲动性，一旦发现心仪的一方不如自己想象得完美，甚至只是单方面陷入"失恋"，都会导致不正常的心理状态。

所以，陷入"早恋"的青少年朋友要懂得向家人或好友倾诉，不要将感情长久压抑于心，要懂得理性、冷静地对待异性之间的交往，正确认识并处理对异性产生的好感，将内心的苦恼和困惑及时向家长和师长请教。其中，最为重要的是，不要被一时的冲动所支配。

在青少年的世界里，异性似乎永远都是带有某种神秘色彩的，好感有时候并不代表爱情，很多时候，你欣赏的有可能只是一种神秘的朦胧，或者是一种你欣赏而自己身上又没有的性格特质，因此，认清爱情本身和自己"早恋"的真正出发点，才能更加理智地看待问题。

第二节　月色朦胧

● 一个回忆——与月有关的日子

雷和月从小学时就是同学，一直到高一下学期，并且很巧的是他们一直都是一个班。两家同镇，相距只是一条小河的距离，沿着从学校出来的那条公路一直到一座桥，然后她往河西走，雷往河东走。每次雷都会透过他卧室的那扇小窗，将眼光掠过那条小河，傻傻地遥望月的家的方向。

在学校的时候，雷总是习惯跟在月的身后，那时的雷个子还不是很高，月也经常逗他说"你怎么总是横着长啊"，可雷还是喜欢和月一起做事。记得老师分小组大扫除的时候，雷就主动要求和月一组，甚至他们上学放学都会一起走。

那时的雷在班里的学习成绩靠前，月算是中等偏上，可是雷的作文水准

谁说青春一定迷茫

平平，一篇500来字的作文简直会要了他的命。月却是班级里少有的作文尖子生，老师还经常把她的作文当作范文来朗诵。起初，在这方面，雷并没有觉得很自卑，因为，他其他科目的成绩远远超出月很多。初中之后，他们还是一起上学放学，当时有人还说他们谈恋爱，可是那时的他们并没有因为这些而改变些什么，还是一如既往地一起说笑，因为他们都觉得自己对彼此是出于很纯洁的友谊。高中以后，他们又意外地在同一个班级，并且坐前后桌。雷记得月和他说的第一句话是："喂，小子，你好像长高了嘛！"不知道为何，雷觉得这是她的一种暗示，因为说完这句话，她的脸上居然有瞬间的羞涩。那时候，月已经在班里崭露头角，尤其是作文。身为学习委员的雷，在面子上有点挂不住了，于是就常常借收作业为由，翻看月的作文本。高一下学期的一个傍晚，他们在停车场碰面，依旧很默契地一起回家，当时月亮已经悬在空中，他们谁也没有骑上单车，而是静静地走在月光下。或许就是那次，她才注意到，或者说是确定雷对她的关注。

高二开学不久，雷收到了一封信件，是月写来的。信中，雷除了看懂月已经跟着离异的爸爸去了另外一座城市之外，几乎什么都没看懂。信很长，洋洋洒洒好几千字的样子，一共有六七页的信纸，中间多数是引用古诗词。对于雷来说，就像是在读天书。为了回信，雷就把信中的诗词摘抄下来，还买回来一本《唐诗宋词精选》，在家耐心研读，实在没办法的就隔天去问语文老师，老师见雷突然变得这么好学，大大赞赏一番后就很耐心地为雷解读。不多久，雷再回过头来看看月的信，内容就清晰多了。可是写回信的时候，遇到的问题又一个接着一个地来了，比如语言表达不流畅，条理不清晰，最重要的是，写完后雷发现自己的字实在是难看，远不及月工整字迹的十分之一。可是信还是要寄的，毕竟已经拖了这么久。

信寄出去后，雷便开始练钢笔字帖。说起来，现在雷可以用一手好字写得一篇好文章，都是那时候用的功。现在的雷已经大学毕业，虽然和月再也没见过面，但是他的命运却因为那次的通信而改变，高考那年，雷的作文意外地获得了高分，语文分数因此高出很多，他以高出一本院校五分的成绩被心仪的学校录取。

> **青春心语坊**

　　这似乎是一段没有开始也没有结束的"恋爱",甚至有人会说,这根本就不能说是恋爱,如果非要说是,那也只能说是暗恋。一个人在成长的过程中,喜欢上一个异性是很正常的一件事情,可以说这是青春期男孩女孩必经的一段。这是美好的,很久之后回想,即使彼此天各一方,但心里还是会有甜甜的幸福感觉。

　　从心理学的角度去看待"暗恋"或"早恋"是比较复杂的问题,当早恋不可避免地出现的时候,要学会从这种感情中获取进步的力量,因为爱情是人世间最美好而神圣的感情,它会激发人最深层的潜能,产生无限的激情和动力。喜欢一个人,如果不是很成熟,当然是"暗恋"比较好,不轻易说出口,才能永远保存这份美好。珍藏在心里,它可能会成为你人生路上宝贵的财富。它像一个还未成熟的苹果,咬下去只会让你满嘴酸涩,带给彼此的也只有伤害。因此,真正喜欢一个人,不要急着得到。也有很多人说,真正爱一个人并不一定要得到,你可以为他/她做很多事情,包括等待,等到时机成熟时。在这段时间里,你唯一可以做的就是要把自己变得更加优秀,待到那时,你便可以很自信地站在他/她的面前,把自己最美好的一面呈现给他/她,苹果只有在成熟时才好吃。

第三节　如何走出暗恋、单恋的阴霾

● 小米

　　小米是个很漂亮的女生,追求她的男生无数。但是她一个也没有看上,她说:"他们都只是喜欢我的外表。"好友说,看来那些暗恋你的男生们都要跳海自杀了。小米不以为然,"漂亮的女生多着呢,追不到我还有更漂亮的呢,何苦自杀?"

　　他是小米的学长,不管是校庆还是元旦晚会,舞台上总是会有他的影子。

谁说青春一定迷茫

小米在被众多追求者追求的同时，毫无预兆地喜欢上了这个个子高高、长相帅气的学长。可是这时候的小米却将这份感情悄悄地藏了起来，对感情的懵懂以及内向的性格，致使她久久不愿向学长表白，即使很多很多次两人在校园的树荫下不期而遇，相视数秒之后，小米总是很高傲地假装看向别处，然后，心开始久久不能平复地跳动。

小米高二的时候，学长所在的年级举行毕业晚会。那夜，高三整栋楼灯火通明，忧伤伴着歌声在校园里久久飘散、回荡，小米的心也莫名开始疼痛。最后她终于鼓起勇气，拉着好朋友的手，以看热闹为由，来到学长的教室走廊上，正徘徊不前的时候，教室的门开了，走出一个个子高高的男生，小米忙转身，却在转身的瞬间看见他的手正牵着一个高挑秀气的女生。转身后，小米的眼泪像珍珠一样滚落而下，然后义无反顾地拉着好朋友离开了。

小米终于尝到了单恋的滋味，那是难以言说的苦涩，涩到整张嘴发麻，涩到整颗心发抖。一向高傲的小米，蹲在地上，那一刻，她前所未有地想要没入尘埃。也许正是×××将自己送进了一段没有对方参与的暗恋、单恋的"爱情"。在那些青涩的岁月里，任寂寞和无助的水草疯长，另一个人的影子若隐若现，然后渐行渐远。

那以后，小米开始谈恋爱，只要有男生追求，觉得还不错的就马上接受了，再也不考虑是不是看上她的美貌。原本成绩不错的小米在高三的月考中，总分一次比一次低，最后不得不面临辍学的危机。

青春心语坊

单恋是一方一厢情愿地喜欢着另一方，而对方却不能以爱回馈或者是根本就不知道有这么一个喜欢着自己的人存在。

青少年在接触异性的过程中，难免会产生一些很朦胧的好感，而这种好感又因为种种因素而得不到回馈或不能告知对方，却在以后的日子里因其一句简单的话语、一个不经意的表情和动作而心生波动，对方很友好的微微一笑，也会成为一种错误的表达爱意的信号。随着暗恋的时间越来越长，心中会自然而然地出现某种向往，这种向往如果方向正确，会起到很不错的促进作用，反之，就会有很严重的消极后果。

由此可见，青少年要想克服暗恋和单恋心理，就要为自己寻找到一套正确的克服暗恋、单恋心理的有效方法。首先需要做的就是要避免索要心理的出现。明白现阶段如果真的喜欢一个人，就不要求回报，暗恋是自己一个人的事，何必说出来破坏这份美好，如果可以长久地隐匿于心中并化作你努力的力量，那就再好不过了；其次要避免某种错觉的出现。当你暗恋的人向你微微笑，要理智地看待它背后所暗含的意义，也许对方只是出于一时的友好才对你面露微笑，假如你一厢情愿地将其视为爱意的表达未免有点不理智，也就很容易陷入单恋的深渊；再次不妨将暗恋暂停下来，不要去想象那些过于不现实的东西，幻想毕竟不是现实，你可以从中寻找到喜欢一个人的快乐和满足感；最后如果你够胸怀够勇敢，就努力克服自己的羞怯心理，抛弃原本的暗恋姿态，主动将"爱情"转化为"友情"，做对好朋友，在学业上共同进步也不失为一个好办法。

第四节　难以下咽的苦涩

● 心与心的距离

那年的她17岁，一次很偶然的机会他跟着哥哥去参加同学聚会。席间一个很俊朗的身影深深地吸引了她的视线，回来后，她就问哥哥那个穿着深绿色外套，坐在包厢房角落里的男生是谁。哥哥说，那是他们篮球队的队长，不是班里的，可能和大家也就稍显生疏了点。她故意说了句"我说呢，那他旁边的那人呢？"问这话的时候，她其实根本就不知道他身边当时坐的是谁。哥哥的回答她也没认真听，心里一边想着，以前听哥哥说过的篮球队的名字，一边慢慢往自己屋走。

之后，她很快就利用姐妹群关系，打听到他的名字，并了解到他住在另一条街上的一个胡同里。很多次，她都希望哥哥再组织一次篮球队聚会，因为她担心，上次在聚会上自己没有给他留下很深的印象。一个下雨的午后，她和好友故意去那条街上逛，她在心里无数次想象着与他再见面时的场景，

谁说青春一定迷茫

是说"你好",还是说"很高兴再次见到你"呢?心里思量了很久,一个下午过去了,好友忍不住了要回去,她便很不情愿地跟着一起走了。之后的一段时间,她神奇地在很短的时间内了解了几乎关于他的全部。

然而他还对她一无所知。那天在KTV包厢里,他自顾自地喝闷酒,外界对于他来说没有丝毫的兴趣。后来女孩才知道,原来那天是他失恋的第三天。过不久,就听哥哥说,篮球队换队长了,他去外地了,说是不想留在这座伤心的城市。女孩一度有要去找他的冲动,告诉他,其实在这座城市里,还有一个人如此牵挂他。三天后,女孩准备好行李,正想出门,却被哥哥堵在门口,他什么话也没说,只把一封信交给了妹妹。信封上是他的署名,字迹潦草。看完信,女孩把行李放回了原处。哥哥很了解妹妹,打从那天妹妹问起他,哥哥心里就很清楚女孩的心思了。后来他找到队长,和他说了。可是队长现在还不能接受任何一个女孩,他需要时间去消除心头的伤痕,同时也要给心一个空间,人与人之间,心走远了,身体再近也是徒劳。

女孩看着他的文字,一个字一个字串联成句,像是在咀嚼一口涩涩的苦果。这一场无疾而终的暗恋,没有开始,也没有结束,它会被青春记住,然后,她会感激他的那封信,让她没有做出傻事。年少的时光,关于爱情的片段像阳光一样灿烂。

青春心语坊

正如我们前文所说,爱情是人间最美好而神圣的事情,初涉爱河的青少年朋友会深陷其中,有的甚至无法自拔。不管是早恋还是暗恋,如果不能正确加以处理,在心理学上都是有碍于身心健康发展的。

人的一生,不是只有爱情,因为爱情而怠慢了亲情、阻碍了学业的进步、荒废了青春的大好时光,甚至走向其真正意义的反面,那这样的爱情其实是经不起考验的。如果青少年在成长的过程中遭遇到了"早恋"和"暗恋",除了上文中所说的,要从中吸取前进的力量之外,还要学会自己消化,试着将这份感情加以"冷藏",你要意识到,自己现在的性格还没有定型,学业还未完成,人生轨迹也不能固定,思想更是还不成熟,对异性的好感或喜欢往往只是一时的新鲜感,俗话说"情人眼里出西施",喜欢上了的人,就算是缺点也会变成优点,将对方过度理想化,会让自己更加无法自拔。试着将感情冷藏,就是要求你冷静地看待这份感情,细细分析自己究竟因为什么而喜欢上对方,找出彼此间的差距,你只有向更接近他/她的方向前进,两人才有走在一起的机会,而不是任由其泛滥,造成不可收拾的后果。

但如果你不愿"冷藏",那就要把握好恋爱的分寸,告知对方后,对方很可能会拒绝你,也或者会接受,但不管是哪一种结果,你都要做好充分的思想准备。面对拒绝,要懂得果断地斩断情丝,全身而退,而不是将自己弄得伤痕累累,然后一心一意学习,用最好的成就向对方证明他/她当初放弃了一个优秀的追求者;假如对方有幸接受,你们开始交往,那就要把握好交往的尺度,最好是相互鼓励,在学习上彼此帮助,获得共同的进步,而不是过早地品尝禁果。树立正确的恋爱观念,是十分必要的。

最后,要努力协调好周围的人际关系。首先要学会理解,家长和老师都是理智的旁观者,或许很多事情,他们会比你看得更加清楚,面对劝告,赌气是不可取的,要参考或接受,认真分析,不要因一时赌气而做出令自己后悔的事情。

第五节　失恋后你还是一样可以快乐

●她走了,带不走你的快乐

高一暑假,跟着表姐去外地打工的阿伟,在工作的地方结识了活泼开朗的王佳倩。她的一举一动都深刻地印在阿伟的脑海里,每天去工作的第一件事几乎都要看看隔壁的王佳倩在不在,然后把"多余"的早餐送给她。时间久了,王佳倩也看出了阿伟的心思,她也告诉过阿伟,他不是她喜欢的类型。可是阿伟一直坚信,只要用真心待她,她总会有感觉的,何况王佳倩对他也不是一点感觉都没有。

后来,阿伟总是在工作之余邀请王佳倩去外面玩,给她很多小惊喜,王佳倩慢慢也觉得阿伟很浪漫,很懂得讨女孩的欢心,于是在阿伟第三次要求

谁说青春一定迷茫

王佳倩做他女朋友的时候，王佳倩同意了。那段时间，他们确实经历了很多浪漫、快乐的事情，表姐虽然也干涉过，可是见到两人相处得很好，也就没再多说什么。两个月的时间很快就过去了，阿伟和王佳倩各自回到学校，开始时还每天联系，后来渐渐地王佳倩很少接阿伟的电话，短信也回得少了，阿伟问她，她总说最近学习比较忙，妈妈不让她碰手机。阿伟说想去学校看看她，也被王佳倩拒绝了。

这样持续了一段时间，王佳倩在高二下学期的暑假向阿伟提出了分手。还沉浸在爱情的甜蜜中的阿伟万万没有想到会这样，那时他正在盘算这个暑假要带王佳倩去杭州游玩，计划眼看就要实现了，却传来了分手的消息。一时间，阿伟觉得世界几乎已经到了末日，他怎么都想不明白，也不甘心就这样结束。后来的一段时间，阿伟把自己丢在小屋里，整天不学习不看书，也不出去做暑假工，手机一闪，他立即拿起来看。他忍受着思念的煎熬，做什么事情都打不起精神。

青春心语坊

阿伟显然是遭遇了失恋。失恋对一个人造成的负面影响是十分巨大的，处理不好是很难走出阴影的。青少年的心简单而纯洁，恋爱的开始是美丽的，而失恋就是这美丽的终结者。不管青少年朋友们失恋的主要原因是什么，其中很大一部分因素都是因为经验不足，缺乏自我规范意识与责任感，在交往的过程中自控力较差、敏感等，失恋的概率就很大。失恋后，尤其是被失恋的一方，在身心上所遭受的创伤是很大的。因此，青少年有必要了解如何克服并正确对待失恋后的精神生活。

第一，要试着向亲近的人倾诉。不管内心是怎样地悲伤，甚至是绝望，都应该将这种情绪及时地发泄出来，当你将所有的情感都说出来之后，就会发现，其实事情并没有你想象的那样糟糕，或者你也可以用写文字的方法将苦闷的心情记录下来。

第二，转移注意力。如果你总是将自己关在一间房子里，苦苦怀念着那些已经成为过往的事情，只会让自己更难过，而事情也不会因此而改变。这时候不妨出门走走，转移注意力，你会发现更多的美好，与朋友间的友情会让你感到温暖,亲情会让你觉得安稳,美好的事物会给你美的愉悦,当更多的美好走进你的生活,失恋的困扰就不再是什么要紧的事。

第三,学会冷静。每一份感情都不会顺顺利利,尤其是还处在青少年时期的你们,就算是成年人恋爱都不能保证眼前的这个人会是和自己过一辈子的那个人。冷静地看待你们的感情,理智对待那些得到与失去。相信还有一个命中注定的人在不久的将来等待着你。这次固然失去了一次爱的机会,可是也正是这次的经历使你变得更加成熟了。你能做的是感激并迅速使自己成长起来,而不是自暴自弃,甚至是怨恨。

最后,将这份感情加以升华。如果内心蕴含着巨大的力量,不妨将它转化为心理动力,全身心投入学习中去。那些成功的人,有几个不是从失恋的痛苦中挣扎出来的?只要正确地将这份感情升华,就可以很快走出失恋的阴影,然后你会发现,你的人生并不只有爱情,失恋后,你也可以过得很开心。

第六节 老师,是钦慕还是依恋

●梦一样的美丽泡影

那年,荔影还在读初中,一场毫无预兆的师生恋随着年轻的政治老师的到来而渐渐拉开帷幕。那天是因为老师临时有事,叫另一位老师来代课,就是这个代课教师改变了荔影之后的命运。那天,一个英俊潇洒的身影出现在讲台上,荔影的眼前一亮,年轻老师随即一抹灿烂的微笑,这让荔影不由得心里一动。年轻老师自我介绍说:"你们金老师临时有事,今天就由我为他代劳。我姓廖,单名一个庆字。初次见面,大家多多关照哈。如果有不足的地方,还望各位指出来。"一堂课下来,荔影了解到廖庆老师原来是北京大学的研究生,毕业不到一年,在他的嘴里,原本枯燥无味的政治课变成了一场意境优美的演说。荔影对北大的向往是从小就有的,她的梦想就是要坐在北大的教室里听北大教授讲课。而今这样一个梦幻般的人儿出现在她的眼前,怎能不让她心动？

那次之后，荔影就常常去政治老师的办公室，以问作业为由，好几次都心不在焉地偷偷看着廖老师的背影发呆，荔影觉得他是那么高大，那么有魅力，那么神圣。

两天后的一个傍晚，荔影在食堂门前遇见了廖老师，两人相视一笑。然后就不约而同地往操场的林荫道上走。

"你叫什么名字？"

"荔影。"

"那天上课，我也注意到你了，听得特别认真。"

"嗯……"荔影心里明明很开心，却更加不知所措了。

"荔影，很好听的名字。"廖庆轻轻地笑了，这一笑让原本很紧张的荔影放松了很多。

"以后要想去北大，就要努力学，以你的能力完全没有问题。假如需要我的帮助，随时来找我。"

"嗯，好。"

那个秋天，枫叶特别红，荔影的北大梦由模糊渐渐变得清晰，她会偶尔和廖庆老师一起讨论问题，偶尔一起吃饭，偶尔一起去河边散步，每当荔影遇到什么困难也都会在老师的一番苦口婆心下消融殆尽。

转眼即将面临毕业，荔影也将离开，可是她带不走廖庆老师。她知道，这一别不知道以后什么时候才能再见面，一想到这，荔影的心里就酸酸的。她不知道老师对她到底是什么感情，是师生之情，还是……

那天傍晚，荔影来到廖老师的办公室，欲言又止。

那年暑假，荔影顺利考进了当地最好的高中，廖老师从此也再没了消息。一年以后，荔影就听到了廖老师结婚的消息。那次，她把自己关在家里一个多月，后来，荔影终于还是想通了，为了北大梦，也为了纪念这一场梦一样的华丽"师生恋"，她决定继续并完成它。

而当荔影成功毕业于北大中文系的时候，她说："仰慕不是爱情。"

青春心语坊

严格来说，荔影和廖庆老师的那段感情是称不上"师生恋"的，但是从另一个角度来说，荔影暗恋廖庆老师应该算是"师生恋"的一个部分。在这段感情中，虽然廖老师并没有明确说明自己的感情立场，他以激励的形式给荔影在学习上以促进，也起到了一定的积极作用。中间，这段感情无疑是对荔影的成长产生了消极的影响，好在荔影成功地从这段"师生恋"的沼泽中走了出来，将不利因素转化成了积极因素。

一般来说，"师生恋"在多数情况下是弊大于利的。"师生恋"往往不公开，在私底下秘密进行；也有公开化的，两人以恋人的关系出现；还有很多时候，只是学生在心里暗暗迷恋老师的才学和外貌，自己陷入无法自拔的境地……但不管是哪一种，都对学生的正常学习存在不利的影响。

青少年在成长的过程中，更要正确处理好这种关系，才能转害为利。对于"师生恋"产生的原因，多半是由某种"仰视"而出现的钦慕和崇拜，尤其是丰富的阅历见闻、渊博的知识、诚恳可亲的待人态度等，都会给学生留下很美好的印象。由仰慕所产生的喜欢、依恋，其实并不是爱情（当然并不排除例外）。还有的是出于对于父爱或母爱的渴望，当一个从小就缺乏父爱或母爱的孩子遇见一个像父亲或母亲般关心自己的老师时，就很容易产生依恋情感，并且错误地把这种感情当作是爱情，这些都是"师生恋"产生的心理归因。

那么，青少年在成长的过程中应该如何正确看待并处理这种恋情呢？

实际上，师生之间如果关系很好，也是有助于学生学习发展进步的，但这种关系应该是单纯而美好的，古往今来，也有那么多美丽的师生情谊被大家广为传颂，这样的感情是应该被珍藏的。如果你的心里也有这样一份美好的感情，千万不要急着说出来，细细想想，你对老师产生这份感情的最初原因是什么，明白你如果向老师表白了，你们最终一定会有结果吗？我想多数情况下只是给彼此徒增烦恼，不仅今后在学习上会出现阻碍，还会生生地破坏了这份美好。青少年出现仰慕、依恋老师的情况其实很正常，不必为此烦恼，但也不能轻视，这种感情有点类似于"早恋"，只不过是恋上的对象不同罢了。你的正确的做法是，更加努力勤奋地学习，和老师搞好关系，不要因为一时的糊涂而误了一生的幸福。

当树上的苹果还没有成熟的时候，你摘下就尝，味道只有苦涩；当苹果成熟时，你会发现，多亏当时不摘，现在才会吃到如此成熟美味的苹果。